网络设备配置与管理
编委会

主　编　郭剑聪

副主编　李玲锋　蔡　浩

参　编　陈启浓　区海明　谢翠芬　洪慧雅

郭剑聪 ◎主编

网络设备配置与管理

Configuration and Management of Network Equipment

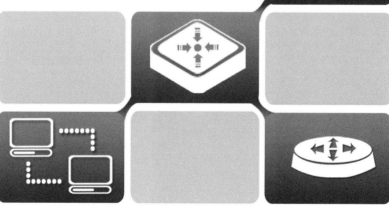

暨南大学出版社
JINAN UNIVERSITY PRESS

中国·广州

图书在版编目（CIP）数据

网络设备配置与管理/郭剑聪主编 . —广州：暨南大学出版社，2015.7
ISBN 978 - 7 - 5668 - 1421 - 0

Ⅰ.①网…　　Ⅱ.①郭…　　Ⅲ.①网络设备—配置—中等专业学校—教材②网络设备—设备管理—中等专业学校—教材　　Ⅳ.①TP393

中国版本图书馆 CIP 数据核字（2015）第 098010 号

出版发行：暨南大学出版社

地　　址：中国广州暨南大学
电　　话：总编室（8620）85221601
　　　　　　营销部（8620）85225284　85228291　85228292（邮购）
传　　真：（8620）85221583（办公室）　85223774（营销部）
邮　　编：510630
网　　址：http：//www.jnupress.com　http：//press.jnu.edu.cn

排　　版：广州市天河星辰文化发展部照排中心
印　　刷：广东广州日报传媒股份有限公司印务分公司

开　　本：787mm×1092mm　1/16
印　　张：11.75
字　　数：295 千
版　　次：2015 年 7 月第 1 版
印　　次：2015 年 7 月第 1 次

定　　价：28.00 元

前　言

对于多年实践在教学第一线的教师而言，"网络设备配置与管理"是一门核心课程，也是一门比较难以教好的课程。教师需要处理好网络理论与实践的关系，过多的基础理论会让学生望而却步，完全避免基础理论则会让此课程变为打字课，学生不能理解课程中的实验，遇到问题就难以解决。

因此，我们探索出一种基于工作过程的教学模式。我们设计出一系列学习情境，让学生在学习情境中遵循一套行为模式："明确任务—制订计划—作出决定—实施计划—检查控制—评定反馈"，以掌握该学习情境的学习。此行为模式对应着本书中的"任务描述"、"设备清单"、"技术分析"、"总体步骤"、"实施步骤"、"技术要点"、"检测报告及故障排查"、"命令小结"、"扩展练习"。这套行为模式能让学生具备完成项目的思维过程和能力，既学习到课程配置方法，也能够掌握相关网络理论。

本教材是中职学校与神州数码网络（北京）有限公司的校企合作成果。郭剑聪、李玲锋来自中职教学一线，多年来担任"网络设备配置与管理"课程的教学大纲制定、课程改革示范等一线教学工作，对于本门课具备丰富的教学经验。蔡浩担任神州数码网络工程师，长期工作在网络搭建与维护的工作环境中，具备丰富的实战经验。神州数码网络（北京）有限公司是中职学校的好伙伴，长期与中职学校保持校企合作关系，包括典型工作任务的制定，担任企业外聘教师参与学校教学等。书中的所有项目，均是中职教师与企业工程师共同商讨的结果，是针对网络搭建与维护中遇到的典型项目设计而成的，相信学生将会从中受益。

"网络设备配置与管理"课程是中等职业学校计算机网络专业的核心课程，要求学生配置交换机、路由器设备，设计并实施安全、稳定的计算机网络。但是网络设备价格昂贵，并不是所有学校都具备条件创建实验室。Cisco Packet Tracer 模拟器很好地帮助了我们，它是思科模拟器中较为简便的模拟器，使用者可以在一个仿真环境中完成思科交换机和路由器的配置，适合网络搭建的初学者参考。

本书通过在 Cisco Packet Tracer 模拟器中设计十几个项目，涵盖二层交换机、三层交换机、路由器的基础配置、安全配置和稳定性配置，适合作为中等职业学校"网络搭建与维护"课程的教材，也适合网络初学者参考。

由于编写时间仓促，加之编者水平有限，错漏之处在所难免，欢迎专家和读者批评指正。联系邮箱：fshcgjc@126. com。

编　者

2015 年 3 月

目 录

项目一　熟悉 Cisco Packet Tracer 模拟器

 任务描述

小 A 是一位网络爱好者，他希望学习网络知识，掌握思科路由器和交换机的使用和配置。他需要一个既可以节约成本，也可以满足学习要求的良好学习环境。因此他找到了 Cisco Packet Tracer 模拟器。

Cisco Packet Tracer 是由 Cisco 公司发布的一个辅助学习工具，为学习思科网络课程的初学者设计、配置、排除网络故障提供了网络模拟环境。用户可以在软件的图形用户界面上直接使用拖曳方法来建立网络拓扑，并可获取数据包在网络中行进的详细处理过程，观察网络实时运行情况。Cisco Packet Tracer 方便了用户学习思科交换机、路由器等设备的系统配置。

Cisco Packet Tracer 界面直观、操作简单，具备网络初学者完成思科设备的基础学习条件。项目一介绍了 Cisco Packet Tracer 的操作界面、网络拓扑设计以及基础配置命令的方法。

任务　实现第一个网络项目

 设备清单

本任务需要 Cisco Packet Tracer 模拟器。读者可以通过思科的官方网站找到此模拟器的下载地址。

 技术分析

本任务将为后续任务打好基础，需要掌握 Cisco Packet Tracer 模拟器的基础技能。由于这是我们第一个网络实训任务，因此全部都是新知识和技能。

 总体步骤

（1）Cisco Packet Tracer 的安装。

（2）运用 Cisco Packet Tracer 搭建网络拓扑。

（3）Cisco Packet Tracer 常用设备和基础设置方法。

（4）交换机和路由器命令基础。

（5）命令助记方法。

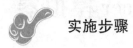 **实施步骤**

步骤 1　Cisco Packet Tracer 的安装

Cisco Packet Tracer 可以在思科官方网站下载。运行安装文件，如图 1 - 1 所示，按照提示，接受许可协议，选择安装路径，即可完成软件的安装。

图 1 - 1　Cisco Packet Tracer 的安装界面

安装完毕后，通过"开始"菜单启动"Cisco Packet Tracer"，即可打开 Cisco Packet Tracer 的主界面，如图 1 - 2 所示：

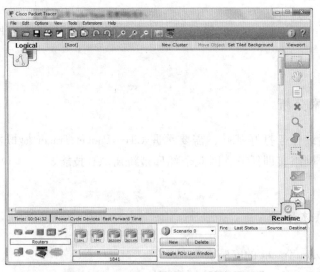

图 1 - 2　Cisco Packet Tracer 的主界面

步骤 2　运用 Cisco Packet Tracer 搭建网络拓扑

1. 添加设备并重命名

主界面的左下角是设备区，可以选择交换机、路由器、连线、终端设备等设备。如需添加一台二层交换机，可以先点击 Switches（交换机）类别，出现各种交换机后，拖动型号为 2950-24 的交换机至工作区，如图 1−3 所示，即可添加一台二层交换机。

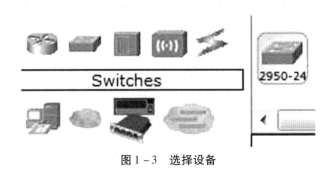

图 1−3　选择设备

用同样的方法，拖动 Routers（路由器）类别中的 1841 路由器，以及 End Device（终端设备）中的 Generic 至工作区，如图 1−4 所示：

图 1−4　拖动路由器、交换机、终端设备到工作区

添加设备完成后，可以双击设备下方的文字，进行设备的重命名。比如我们把路由器命名为 R1，交换机命名为 S1，PC 命名为 PC1 。

2. 添加连接线缆

网络设备需要添加网络介质才可以组建网络。常用的介质为直通双绞线和交叉线。

如图 1−5 所示，选择 Connections（连接）中的黑色实线，这是应用最为广泛的直通双绞线（简称直通线），用于连接不同类型的设备。而黑色虚线则是交叉线，用于连接相同类型的网络设备。

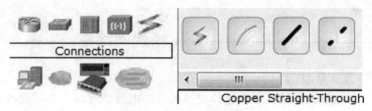

图 1-5　选择直通双绞线

点击 Copper Straight-Through（直通双绞线），在路由器上单击，即弹出接口菜单，如图 1-6 所示：

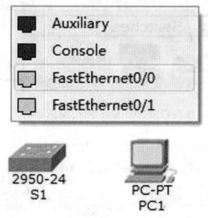

图 1-6　单击直通双绞线，然后单击设备

选择 FastEthernet0/0，这是一个以太网端口，可以连接双绞线。点击端口后，即可完成双绞线一端的连接。用同样的方法，把双绞线的另一端连接 S1 的 FastEthernet0/1 端口。用同样的方法，选择直通双绞线连接 S1 的 FastEthernet0/2 和 PC1 的 FastEthernet0 端口，如图 1-7所示：

图 1-7　用直通双绞线连接设备

步骤 3　Cisco Packet Tracer 常用设备和基础设置方法

1. 配置 PC，并对连通性进行测试

PC 是网络中不可缺少的终端设备。我们需要设置 PC 的 IP 地址、网关等信息，并在 PC 中通过命令进行连通性测试。

双击 PC1，进入 PC 的设置，选择 Desktop（桌面）选项卡，如图 1 - 8 所示：

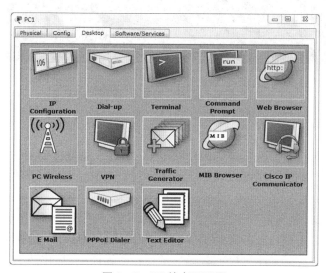

图 1 - 8　PC 的桌面设置

点击 IP Configuration（IP 配置），进入 IP 地址设置界面。在此界面中，可以设置 IP Address（IP 地址）、Subnet Mask（子网掩码）、Default Gateway（默认网关）和 DNS Server（DNS 服务器）等信息，如图 1 - 9 所示：

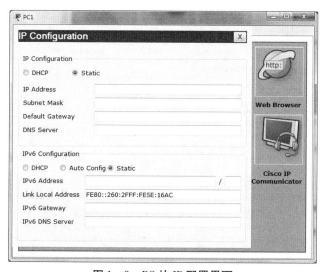

图 1 - 9　PC 的 IP 配置界面

在 Desktop（桌面）选项卡中，点击 Command Prompt（命令提示），进入如图 1 - 10 所示的命令行界面，可以输入 ping 等命令进行各种测试。

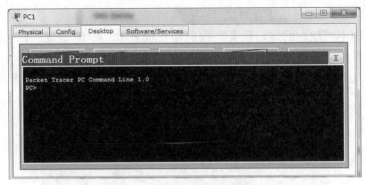

图 1 - 10　PC 的命令行界面

2. 配置服务器

在 End Device（终端设备）类别中，除了 PC 之外，还可以找到另一种常用设备，就是 Generic 服务器。该服务器可以在模拟器中模拟 HTTP、DNS 等服务，便于实验进行测试。

拖动一台 Generic 服务器到工作区。点击此服务器，进入 Config（配置选项卡），即可进行服务器设置。以 HTTP 服务器为例：选择 SERVICES-HTTP，选择 HTTP 中的 On，即可打开 HTTP 服务，主页文件的 html 代码显示就在此界面中。如图 1 - 11 所示：

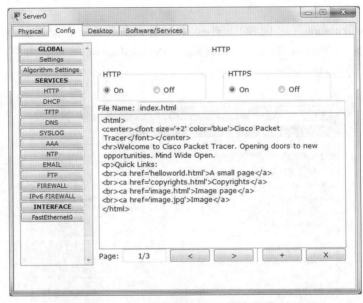

图 1 - 11　服务器的 HTTP 服务设置

步骤4 交换机和路由器命令基础

交换机和路由器配置是本书的核心内容，我们将在后面各章节中介绍各命令的使用方法，在此先介绍交换机和路由器的配置基础。由于基础配置在二层交换机、三层交换机、路由器中是相同的，本任务以二层交换机为例进行讲解。

点击 S1，即可进入 S1 的配置。点击 CLI（命令行）选项卡，进入 S1 的命令行配置界面，如图 1-12 所示。后面的配置命令将在此界面中完成。

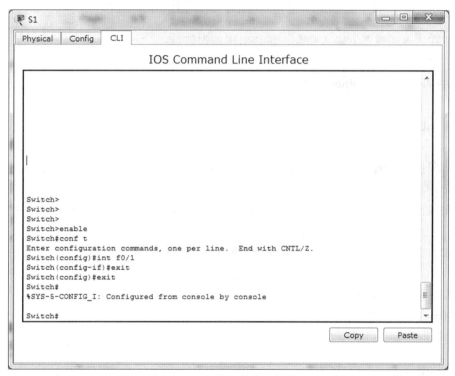

图 1-12 交换机的命令行界面

1. 输入命令

在 CLI 界面中，按 Enter（回车），将会出现新的一行。所有命令都是以回车作为结束。"Switch >"叫做命令提示符，其中"Switch"是设备名称，">"表示设备的当前模式为用户模式。

在"Switch >"后面输入命令：enable，回车。

发现命令提示符变成"Switch#"，表示当前模式为特权模式。

在"Switch#"后面输入命令：conf t，回车，请注意 conf 和 t 之间存在空格。

发现命令提示符变成"Switch(config)#"，表示当前模式为配置模式。

在"Switch(config)#"后面输入命令：intf 0/1，回车。

发现命令提示符变成"Switch(config-if)#"，表示当前模式为接口模式，在此模式中可以对端口 f0/1 进行配置。

交换机和路由器包含了用户模式、特权模式、接口模式等。只有在特定的模式中输入命令方可让命令生效。

以交换机和路由器修改主机名为例，修改主机名的命令是在"Switch（config）#"模式下输入。因此，管理员必须先进入配置模式。详细命令如下：

Switch > enable；进入特权模式
Switch#conf t；进入配置模式
Switch（config）#hostname S-Office；更改交换机的名称为 S-Office
；为设备起一个意义明确的名字，将会给后续的管理带来便利

假如在错误的模式下输入命令，将会出现错误信息：

Switch#hostname S-Office
　　　　　　^
% Invalid input detected at '^' marker.

此错误提示是因为 hostname 命令在"Switch#"模式下不存在，交换机认为这是一条错误的命令。

进入各种模式后，可以通过 exit 命令返回上一级，也可以用 end 命令返回到特权模式。

比如，在端口模式下，输入 exit 命令返回上一级，也就是配置模式。

S-Office（config-if）#exit
S-Office（config）#exit
S-Office#

在端口模式下，输入"end"可以直接返回到配置模式，而不需要经过中间的模式。"end"也可以用快捷键 Ctrl + Z 代替。

S-Office（config-if）#end
S-Office#

2. 删除命令

在配置的过程中，难免会出现配置错误的情况，这个时候需要删除原有命令，并重新配置为正确的命令。

比如，通过 hostname 命令修改主机名的时候，不小心把主机名打错了，可以在错误的命令签名加上"no"，把此命令删除。

S-Office（config）#hostname X-Office

X-Office(config)#no hostname X-Office
Switch(config)#hostname S-Office
S-Office(config)#

no 命令同样适用于删除其他命令，格式如下：

no 需要删除的命令

我们现在学习的命令还不多，后面我们学习的命令，大部分可以通过 no 命令进行删除。

步骤 5　命令助记方法

设备配置主要由命令来完成，Cisco 网络设备设计了一些助记方法便于记忆。
1. "?" 显示后续命令
在 "Switch#" 下，输入问号 "?"，出现图 1-13 的提示信息：

图 1-13　通过 "?" 显示后续命令

可见，"?"显示该模式下所有命令。

假如我们只记得命令中开头的字母，也可以先写出开头的字母，然后输入"?"，比如我们只记得"co"开头的命令，那么我们输入"co?"，就会出现以下提示信息：

Switch#co

configure connect copy

Switch#co

该提示信息提示我们，"co"开头的命令有三个，分别是"configure"、"connect"和"copy"。由于我们只学过 configure，于是我们就可以把命令补全到 configure。

2. "Tab"补全命令

在有些情况下，我们只记得命令的开头，忘记了命令的全称，此时可以用 Tab 键补全信息。例如，我们知道在特权模式下"conf"开头的命令，不用输入"configure"，只输入"conf"，然后按 Tab 键，系统就可以自动帮助我们把命令补全到 configure，如下所示：

Switch#conf（按 Tab）

Switch#configure（按 Tab）

Switch#configure terminal

3. 命令简写

由于某些命令单词比较长，不方便记忆和输入，因此，在不产生歧义的情况下，只需要输入命令的前几个字母，系统即可辨别。

例如：conf t 是 configure terminal 的简写；int f0/1 是 interface FastEthernet0/1 的简写。

 技术要点

本书实验主要使用直通线和交叉线，让我们先来了解直通线和交叉线的区别。

制作双绞线的水晶头的时候，具有两种线序，由左到右是：

856B：白橙，橙，白绿，蓝，白蓝，绿，白棕，棕

856A：白绿，绿，白橙，蓝，白蓝，橙，白棕，棕

如果双绞线两端的水晶头采用相同的线序，那么制作成直通线；如果双绞线一端水晶头采用 856B 线序，另一端水晶头采用 856A 线序，那么制作成交叉线。

在实际环境中，直通线通常制作成 856B 线序。

Cisco Packet Tracer 对于线缆的连接有严格的要求，且不支持自动翻转，因此假如采用的线缆出现错误，将会影响网络搭建。选择线缆的原则是：不同设备用直通线，相同设备用交叉线。具体的连接如下表所示：

各种设备连接时的线缆

一端设备	另一端设备	采用线缆
交换机	PC	直通线
交换机	路由器	直通线
交换机	交换机	交叉线
路由器	路由器	交叉线
PC	PC	交叉线
路由器	PC	交叉线

值得注意的是，路由器连接 PC 的时候，由于路由器的网卡和 PC 的网卡结构相同，因此需要采用交叉线。

命令小结

命令	说明
Switch > enable	进入特权模式
Switch#conf t	进入配置模式
Switch(config)#int f0/1	进入端口模式
Switch#hostname	配置主机名
no	删除命令

扩展练习

在扩展练习中，需综合运用到本项目的知识，并有一定的挑战难度，读者可以边思考边完成。书中也给出了参考命令，参考命令以简写的方式进行。简写模式是实际工程中常用的方式，网络工程师编写好命令，直接复制到命令行中即可完成设备配置，从而节约现场工作的时间。

本项目的扩展联系拓扑图如图 1 – 14 所示，请按照此拓扑图连接好设备，并按照图中的名称修改主机名。

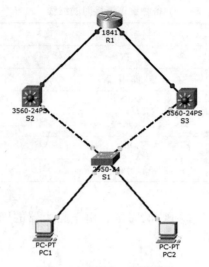

图 1 – 14　项目—扩展联系

读者可以思考以下问题：

（1）如何选择三层交换机 3560？

（2）图中为何采用直通线或交叉线？

参考代码如下：

S1：

host S1

S2：

host S2

S3：

host S3

R1：

host R1

项目二　家庭网络搭建

初学网络的小 A 决定，先从家里开始组建第一个网络。在当今移动互联网和智能家居的潮流中，接入家庭网络的需求越来越大，接入设备越来越多，包括个人电脑、移动智能手机、平板电脑等，因此家里可组建一个最简单的局域网。可利用这个局域网，把家庭中所有接入设备组织在一起，在家庭内部实现资源共享、游戏互联、智能控制等需求。由于是在家庭使用，预算要求不多，控制在 100 元以下。随着家庭网络的普及，小 A 选购一台家用交换机即可，为了具备无线网络的接入功能，可以选择具备无线功能的设备。家庭网络需求可以用图 2 – 1 来表示。

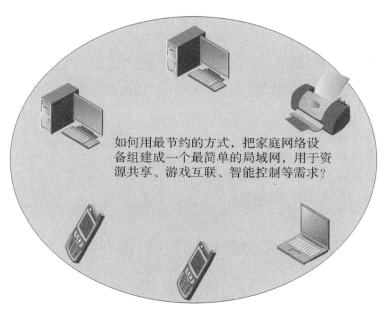

如何用最节约的方式，把家庭网络设备组建成一个最简单的局域网，用于资源共享、游戏互联、智能控制等需求？

图 2 – 1　家庭网络需求

任务　通过家用路由器实现小型家庭网络搭建

设备清单

以太网交换机（Switch），在当今网络搭建中是一种重要的设备。交换机档次齐全，各种不同需求的用户都可以根据需要选购合适的以太网交换机。因此，它们的应用领域非常广泛，在大大小小的局域网中都可以见到它们的踪影。以太网交换机通常都有几个到几十个端口，所有的端口都挂在一条带宽很高的背部总线上，因此，交换机具备以下特点：

（1）以太网交换机的每个端口都直接与主机相连，并且一般都用全双工方式。

（2）交换机能同时连通多对端口，使每一对相互通信的主机都能像独占通信媒体那样，进行无冲突数据传输。

（3）共享传输媒体带宽。

在功能上，交换机是一个扩展网络的设备，能为子网提供更多的连接端口，以便连接更多的设备。在本任务中，选取市面上最常见的二层交换机即可达到要求。

由于 Cisco Packet Tracer 中没有单独的家用小型二层交换机，只有应用更为广泛的家用无线路由器，因此在本任务中，我们使用家用无线路由器的部分功能代替二层交换机。

技术分析

小 A 是一名网络初学者，技术上还是一片空白，因此他必须从零开始，学习搭建第一个网络：家庭网络。

小 A 面临的新技术包括：

（1）使用交换机，连接有线设备。

（2）网络设备同一网段的 IP 地址设置。

（3）用 ping 命令测试网络连通性。

总体步骤

（1）添加网络设备。

（2）连接各设备。

（3）配置 IP 地址。

（4）测试连通性。

实施步骤

步骤 1 添加网络设备

Cisco Packet Tracer 提供了思科常用的网络设备，包括路由器、交换机、集线器、无线设备、线缆、终端设备等。在进行实验之前，首先要向工作区添加所需的网络设备。

在 Cisco Packet Tracer 界面的左下角，是网络设备的大类，点击所需的大类，右边就会出现此大类中的各种设备。如图 2 - 2 所示，选择无线设备（Wireless Devices）中的无线路由器（Linksys-WRT300N）。

图 2 - 2 选择无线路由器

之所以选择 Linksys-WRT300N 无线路由器，是因为此无线路由器最类似于家用路由器和家用交换机，且价格便宜、应用广泛，最适合网络初学者使用。单击 Linksys-WRT300N，在 Physical Device View（物理设备视图）中，可以看到此无线路由器的外观，如图 2 - 3 所示：

图 2 - 3 无线路由 Linksys-WRT300N 的外观

可见，该设备由 4 个以太网接口和一个广域网接口组成。在本任务中，我们仅使用 4 个以太网接口，以模拟家用交换机。无线网络与 4 个以太网接口组成同一个最简单的家庭网络。

拖动无线路由进入工作区，即完成了添加设备的操作。点击设备下面的标签，即可修改设备的名称，如把名称改为"无线路由"。

用同样方法添加终端设备（End Device）中的两台 PC 和一台手提电脑（Laptop），以及一台智能无线设备（Smart Device）。

用同样方法把设备名称改为 PC1、PC2、Laptop1、PDA1。

步骤 2   连接各设备

网络设备之间需要共同配合工作，必须具备介质。有线介质可以在连接（Connections）大类中找到。在本书实验当中，最常用的是直通双绞线和交叉线。

图 2 - 4   选择直通双绞线

直通双绞线是最常用的连接线缆。图示为黑色实线，是在双绞线的两端用同一线序制作的网线，一般用来连接不同网络设备的以太网接口，如交换机连接计算机，交换机连接路由器。

交叉线是另一种连接线缆。图示为黑色虚线，是在双绞线的两端用不同线序制作的网线，一般来连接相同或相似网络设备的以太网接口，如交换机连接交换机，路由器连接路由器，计算机连接计算机。

在本任务中，需要连接无线路由的以太网接口以及各 PC，由于无线路由器的以太网接口相当于一台小型交换机，需要使用直通双绞线进行连接，如图 2 - 4 所示。

选择直通双绞线后，单击无线路由器，出现如图 2 - 5 所示的选择界面。选择以太网接口 1（Ethernet 1）。直通双绞线的另一端用同样方法连接在 PC1 的快速以太网接口（FastEthernet）。

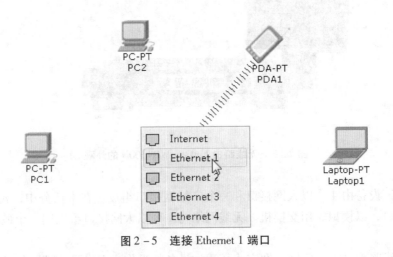

图 2 - 5   连接 Ethernet 1 端口

本任务最终拓扑图见图 2−6。

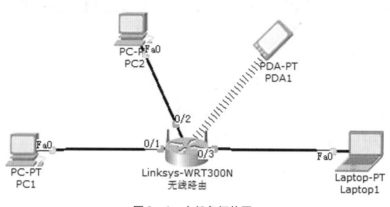

图 2−6　本任务拓扑图

步骤 3　配置 IP 地址

IP 地址是搭建网络必备的知识，学习网络必须掌握 IP 地址的计算和规划。本项目作为入门项目，首先学习 IP 地址的配置方法和最基础的 IP 地址知识。

在 Cisco Packet Tracer 中，单击 PC 图标，出现 PC 的管理界面，单击桌面（Desktop）选项卡，如图 2−7 所示。此选项卡模拟了 PC 各种常用配置，包括 IP 配置（IP Congfiguration）、拨号（Dial-up）、终端（Terminal）、命令提示（Command Prompt）、浏览器（Web Browser）、无线设置（PC Wireless）等，本次实验用到 IP 配置和命令提示选项。

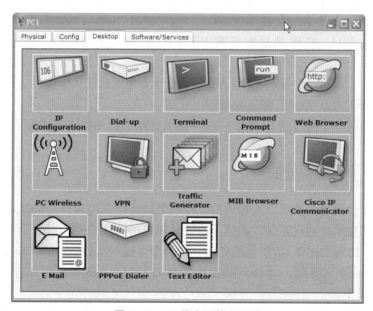

图 2−7　PC 的桌面管理配置

单击 IP 配置，进入 IP 配置界面，如图 2 - 8 所示。

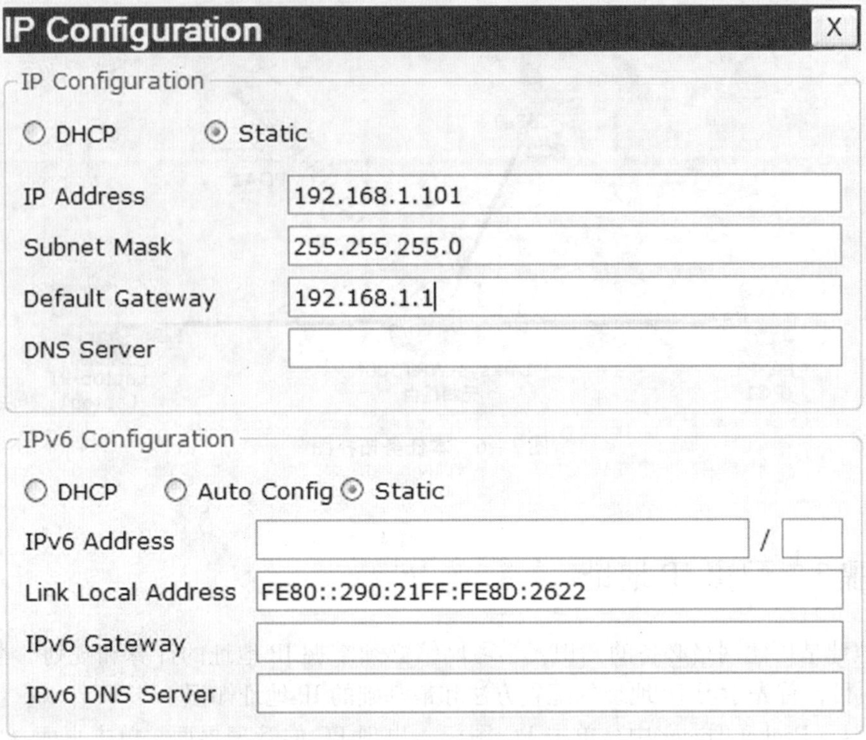

图 2 - 8　PC 的配置选项

选择静态（Static），可以配置 PC 的 IP 地址，包括 IP 地址、子网掩码、默认网关、DNS 服务器。本任务的 PC1 的配置如图 2 - 8 所示。用同样方法可以配置 PC2、Labtop1、PDA1 的 IP 地址。PC2 的 IP 地址配置为 192.168.1.102，Labtop1 的 IP 地址配置为 192.168.1.103，PDA1 的 IP 地址配置为 192.168.1.104。子网掩码、默认网关的配置与 PC1 相同。

在本任务中，家用路由器的 4 个 LAN 端口相当于交换机的 4 个端口，只要接入的设备配置为同一个网段的 IP 地址，接入设备即可互通。

那么什么是同一个网段的 IP 地址？在"技术要点"模块将进行讲解。

步骤 4　测试连通性

连通性即两台设备是否可以互相通信。在网络搭建中，连通性是最基本的要求，本书的大部分任务都要求连通性正常。测试连通性最简单的方法是使用 ping 命令。

单击 PC1，出现如图 2 - 7 所示的界面，单击命令提示（Command Prompt），此界面模拟的是 Linux 的命令行界面，与 DOS 的命令行界面类似。在此界面可以进行连通性测试、IP 配置查看等操作。

在提示符"PC >"后面，键入测试连通性命令"ping 192.168.1.102"，将会测试

PC1 与 PC2 之间的连通性，如图 2 - 9 所示。

```
PC>ping 192.168.1.102

Pinging 192.168.1.102 with 32 bytes of data:

Reply from 192.168.1.102: bytes=32 time=0ms TTL=128
Reply from 192.168.1.102: bytes=32 time=0ms TTL=128
Reply from 192.168.1.102: bytes=32 time=0ms TTL=128
Reply from 192.168.1.102: bytes=32 time=16ms TTL=128

Ping statistics for 192.168.1.102:
    Packets: Sent = 4, Received = 4, Lost = 0 (0% loss),
Approximate round trip times in milli-seconds:
    Minimum = 0ms, Maximum = 16ms, Average = 4ms
```

图 2 - 9　用 ping 命令测试到达 192.168.1.102 的连通性

ping 命令通过 ICMP 回显数据包发送到远端设备并侦听回显数据包来验证与一台或多台远端设备的连接性。简而言之，就是从所在设备发送一个数据包到目标设备，若连接正常，则目标设备将一个数据包返回到所在设备。ping 命令最常见的三种结果如下：

（1）如图 2 - 9，出现类似 "Reply from 192.168.1.102：bytes = 32 time = 0ms TTL = 128" 的代码。表示从 192.168.1.102 收到了回应，表示 PC1 到 192.168.1.102 的连通性正常。

（2）Request timed out。表示请求超时，所在设备在限定时间里收不到回应，是最常见的连通性失败提示。

（3）Destination Unreachable。表示目标不可达，是连通性失败的另一种提示。通常是由数据包到达网关后找不到下一跳造成的。

当出现连通性失败提示时，需要重新检查错误所在，改正错误，重新进行连通性测试。

 技术要点

若测试连通性失败，则需要重新检查实施过程，而本任务中，关键技术是 IP 地址的设置。

1. IP 地址基础

网络上的每一台主机都有一个唯一标识，这个标识就是 IP 地址。IP 协议就是使用这个地址在主机之间传递信息，这是 Internet 能够运行的基础。比如在本任务中，PC1 的 IP 地址是 192.168.1.101，而在 TCP/IP 网络协议运行过程中，只会用 192.168.1.101 来标识 PC1，而不会直接出现 "PC1" 这个名称。

IP 地址是 32 位的二进制数，分为 4 段，每段 8 位。为了方便书写，把每一段用十进制数字表示，每段数字范围为 0 ~ 255，段与段之间用句点隔开。例如 IP 地址 11000000.10101000.00000001.01100101，就可以表示为 192.168.1.101 。

IP 地址可以划分为网络号与主机号两部分，网络号位于 IP 地址的前部分，主机号位于 IP 地址的后部分。但是网络号与主机号如何把 IP 地址划分为两部分，则必须通过子网掩码来判断。

我们先介绍最常用的三个子网掩码，分别是 255. 255. 255. 0，255. 255. 0. 0，255. 0. 0. 0。

下面我们通过三个例子来说明 IP 地址、子网掩码、主机号、网络号之间的关系，如表 2 - 1 所示：

表 2 - 1　三个常用子网掩码的网络号和主机号

IP 地址	192. 168. 1. 1	172. 18. 1. 1	10. 1. 1. 1
子网掩码	255. 255. 255. 0	255. 255. 0. 0	255. 0. 0. 0
网络号	192. 168. 1. 0	172. 18. 0. 0	10. 0. 0. 0
主机号	1	1. 1	1. 1. 1

分析上表，可以发现，子网掩码的"掩"体现在：255 对应的 IP 地址的部分就是网络号，0 对应的部分就是主机号。

如果用 A. B. C. D 表示 IP 地址，并用上这三个最常用的子网掩码，则出现表 2 - 2 所示的三种情况：

表 2 - 2　子网掩码与网络号、主机号

IP 地址	A. B. C. D	A. B. C. D	A. B. C. D
子网掩码	255. 255. 255. 0	255. 255. 0. 0	255. 0. 0. 0
网络号	A. B. C. 0	A. B. 0. 0	A. 0. 0. 0
主机号	D	C. D	B. C. D

请读者分析以下 IP 地址的网络号与子网掩码：

（1）IP 地址：202. 176. 35. 158

子网掩码：255. 255. 255. 0

（2）IP 地址：168. 48. 102. 89

子网掩码：255. 255. 0. 0

（3）IP 地址：112. 56. 1. 156

子网掩码：255. 0. 0. 0

2. IP 地址与子网掩码的缩写

IP 地址与子网掩码通常是成对出现的，只有在两者都明确的情况下，才可以明确知道网络号与主机号。在实际应用中，可以使用缩写的方式，以提高书写的效率。通常在 IP 地址后面接着写斜杠"/"，接着写上子网掩码二进制中"1"的个数。

子网掩码 255. 255. 255. 0，化成二进制是 11111111. 11111111. 11111111. 00000000，也就是 24 个 1、8 个 0，所以缩写为/24，比如 192. 168. 1. 1/24 表示 IP 地址 192. 168. 1. 1 和子网掩码 255. 255. 255. 0。

子网掩码 255. 255. 0. 0，化成二进制是 11111111. 11111111. 00000000. 00000000，也就

是 16 个 1，16 个 0，所以缩写为/16，比如 172.18.1.1/16 表示 IP 地址 172.18.1.1 和子网掩码 255.255.0.0。

子网掩码 255.0.0.0，化成二进制是 11111111.00000000.00000000.00000000，也就是 8 个 1，24 个 0，所以缩写为/8，比如 10.1.1.1/8 表示 IP 地址 10.1.1.1 和子网掩码 255.0.0.0。

请读者分析以下 IP 地址与子网掩码的缩写，请写出其对应的子网掩码、网络号与主机号。

（1）IP 地址：202.176.35.158 /24。

（2）IP 地址：168.48.102.89/16。

（3）IP 地址：112.56.1.156/8。

 ## 检测报告及故障排查

本任务的目标是成功组建小型家庭局域网，让局域网内的设备能够互相通信，因此，我们可以用 ping 命令来检查设备之间的连通性。若任意两台设备都能够连通，则完成实验目标，否则实验失败，需要重新检查并改正错误。

表 2-3　检测报告

验证项目	验证步骤	预期验证结果	预期结论
验证 PC1 和 PC2 的连通性	1. 单击 PC1，点击 Desktop 选项卡，点击 Command Prompt 2. 在命令行提示符下输入 "ping 192.168.1.102"	Ping statistics for 192.168.1.101：Packets：Sent = 4，Received = 4，Lost = 0（0% loss），	PC1 成功连通 PC2
验证 PC1 和 PDA1 的连通性	1. 单击 PC1，点击 Desktop 选项卡，点击 Command Prompt 2. 在命令行提示符下输入 "ping 192.168.1.104"	Packets：Sent = 4，Received = 4，Lost = 0（0% loss），	PC1 成功连通 PDA1

以上表格抽取三个代表性的设备 PC1、PC2、PDA1 进行测试，如果这三个设备都能够成功连接，则可以认为本次实验成功。若出现连接不通的情况，请读者重新回到实施过程，认真排查错误。以下列出了一些最常见的错误，读者可以重点排查这些错误。

（1）各网线连接到 Ethernet 端口上，而不是连接到 Internet 接口上。

（2）各网线采用了直通线（实线），而不是交叉线（虚线）。

（3）各设备采用了同一网段的 IP 地址，这些 IP 地址属于同一网段，但是主机号码不相同。

命令小结

每个实验环境都有新的命令需要识记，这些命令是后续情境的基础。只有熟记这些命令，才有可能保证后续情境顺利完成。

测试连通性命令 ping。

扩展练习

通过以上步骤，已经可以使用家用交换机和家用路由器组建一个简单的局域网。其实，对于二层交换机，也可以使用类似的方法，组建简单的局域网。在扩展练习中，读者可以把刚学到的技能运用到新的场合中，这将更加具有挑战性。

我们尝试运用二层交换机 2950，组建简单的局域网，拓扑图如下：

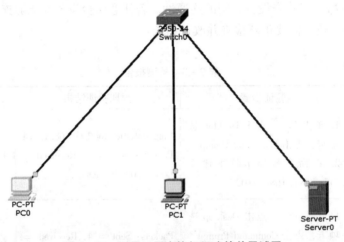

图 2-10　运用二层交换机组建简单局域网

我们只需要两台 PC 机和一台服务器的 IP 地址配置为同一网段，即可完成一个简单局域网。二层交换机不需要进行任何配置。

读者可以参考表 2-4 的 IP 地址，也可以尝试运用其他网段的 IP 地址。

表 2-4　IP 地址参考

设备名	IP 地址	子网掩码
PC0	172. 18. 0. 1	255. 255. 0. 0
PC1	172. 18. 0. 2	255. 255. 0. 0
Server0	172. 18. 0. 3	255. 255. 0. 0

项目三　小型办公网络搭建

 任务描述

　　小 A 在组建家庭网络后，发现了网络搭建的乐趣，并具备了一定的 IP 地址相关理论知识。今天，他的一个朋友小 B 邀请他帮忙在小 B 的办公室搭建一个小型办公网络。

　　小 B 的办公室是一个规模不大的办公室，经理室有 4 台电脑，员工们有 15 台电脑。从安全角度考虑，要求经理室的电脑与员工的电脑互相隔离，不能互相访问。从通信效率考虑，要求尽量发挥交换机的性能。同时需要考虑公司未来的发展，组建网络的时候要为以后的新增部门和新增设备做好准备。经费预算在 1 000 元以下。

任务　通过 vlan 实现多部门的小型办公网络搭建

 设备清单

　　小 A 本次任务与上一次不一样，家用路由器或者交换机都难以满足本次任务的要求。小 A 考虑过用多台家用交换机连在一起的方案，通过网络查找资料与请教有经验的朋友，他发现用多台家用交换机的方案将会面临以下问题：

　　（1）家用交换机的性能不足，太多设备同时接入可能会导致速度缓慢。

　　（2）普通家用交换机难以满足安全要求，比如难以实现经理和员工间的通信隔离。

　　（3）如果采用家用交换机，1 000 元的经费将会有过多的节余。

　　于是小 A 否定了采用多台家用交换机的方案，而选择一台具备 vlan 划分功能的以太网交换机。

 技术分析

　　小 A 首先分析自己是否具备完成本次任务的能力，他发现自己已经具备了这些知识和技术：

　　（1）最基本的 IP 地址知识。

　　（2）能够使用交换机连接同一网段的网络设备。

　　（3）能够用 ping 命令检测设备的连通性。

　　小 A 面临的新知识和技术包括：

　　（1）理解 vlan 的作用。

　　（2）对交换机进行 vlan 配置和验证。

（3）为了将来深入学习网络，小 A 需要知道交换机最基本的工作原理。

总体步骤

（1）网络拓扑设计。
（2）IP 地址设计及配置。
（3）规划并创建 vlan。
（4）规划并把端口添加到 vlan 当中。

实施步骤

步骤 1　网络拓扑设计

根据基本需求，经理部有 4 台电脑，员工部有 15 台电脑。采用一台 24 口二层交换机，端口足够。按现有需求，只需要把这些电脑连接到此二层交换机中即可。于是小 A 设计了以下网络拓扑图，如图 3 - 1 所示：

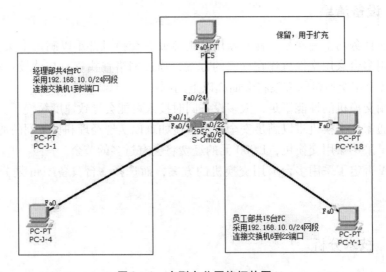

图 3 - 1　小型办公网络拓扑图

步骤 2　IP 地址设计及配置

小 A 现规划的是一个小型办公网络，于是采用了最常用的内网 IP 地址 192.168 作为 IP 地址的前两个十进制位。对于每个网段都小于 254 个设备的小型办公网络，子网掩码采用 255.255.255.0。

为了保证各部门相对独立，保证安全性和管理方便，不同部门将规划为不同网段的 IP

地址。于是，IP 地址的第三个二进制位将采用 10、20、30 这三个数值。

IP 地址的最后一个十进制位，也就是主机号，将按顺序分配给各台设备。

用表格规划 IP 地址将会更加清晰，IP 地址分配如表 3 - 1 所示：

表 3 - 1　小型办公网络 IP 地址分配

部门	vlan	网段	设备	IP
经理部	10	192. 168. 10. 0 255. 255. 255. 0	PC - J - 1	192. 168. 10. 11/24
			……	……
			PC - J - 4	192. 168. 10. 14/24
员工部	20	192. 168. 20. 0 255. 255. 255. 0	PC - Y - 1	192. 168. 20. 11/24
			……	……
			PC - Y - 18	192. 168. 20. 28/24

设备 IP 地址的配置已经在项目二中学习了，不再讲述。

步骤 3　规划并创建 vlan

vlan（Virtual Local Area Network）是虚拟局域网的英文简称。在企业内部，通常相同部门的设备互相通信的机会较多，也具备相似的功能，采用 vlan 技术可以把这些同部门的设备划分到同一个 vlan 里面。同一个 vlan 内部的广播和单播流量都不会转发到其他的 vlan 中，同时提高了网络安全性，提高了网络效率，也便于控制，简化网络管理。

如本任务环境中，该小型办公室具有两个部门：经理部和员工部。每个部门的用户需求大致相同，并且不同部门之间由于工作职责的划分，它们之间的通信需要进行隔离，如经理部的数据不希望被员工部看到。于是，vlan 技术恰好满足了此要求，把经理部和员工部分别划分到独立的 vlan 当中，即可满足安全性需求和提高效率的需求。

每个 vlan 都具有一个编号（vlan-id），vlan-id 的取值范围一般为 1 ~ 4 096，其中 vlan 1 是交换机默认的 vlan，不需要创建，也不需要删除。在本实验环境中，把经理部编号为 vlan 10，把员工部编号为 vlan 20。

单击交换机，进入 CLI 界面，即可对交换机进行 vlan 的创建。

```
Switch > enable;进入特权模式
Switch#conf t;进入配置模式
Switch(config)#host S-Office;更改交换机的名称为 S-Office
;为设备起一个意义明确的名字,将会给后续的管理带来便利

S-Office(config)#vlan 10;创建经理 vlan,编号为 10,写为 vlan 10
S-Office(config-vlan)#name Jingli;为 vlan 10 创建一个名字
;为 vlan 起一个有意义的名字,也会给后续的管理带来便利
```

S-Office（config-vlan）#exit；退出到配置模式

S-Office（config）#vlan 20；创建员工 vlan，编号为 20，写为 vlan 20
S-Office（config-vlan）#name Yuangong
S-Office（config-vlan）#exit

步骤4　规划并把端口添加到 vlan 当中

在默认情况下，交换机的所有端口都属于 vlan 1，也就是说，此时无论设备插入哪个端口，都只能接入 vlan 1。只有把端口划分到相应的 vlan 后，设备插入该端口，才会进入端口所属的 vlan。

当端口属于 access 模式的时候，可以采用以下命令把端口划分到 vlan 当中。

S-Office（config）#interface f0/1；选中端口 f0/1，进入 f0/1 的配置
S-Office（config-if）#switchport access vlan 10；把 f0/1 划分到 vlan 10 当中

我们需要把端口 f0/1-5 划分到 vlan 10 当中，如果逐个端口用以上命令进行划分，将会非常烦琐，于是我们可以用以下命令把多个连续端口划分到 vlan 当中。

S-Office（config）#interface range FastEthernet 0/1-5；同时进入 f0/1-5
S-Office（config-if-range）#switchport access vlan 10 ；把 f0/1-5 划分到 vlan 10 当中

用同样方法，把 f0/6-22 划分到 vlan 20 当中。

S-Office（config）#int r f0/6-22
S-Office（config-if-range）#switchport access vlan 20

在进行完一系列操作后，我们需要对配置的结果进行确认。如果得到的是预期的结果，我们就可以放心进行下一步的配置。

对于 vlan 的结果，我们可以用以下命令查看 vlan 的配置结果。

S-Office#show vlan

通过 show vlan 命令，得到此交换机 vlan 的情况，如图 3－2 所示：

```
S-Office#show vlan

VLAN Name                             Status    Ports
---- --------------------------------  --------- -------------------------------
1    default                          active    Fa0/23, Fa0/24
10   Jingli                           active    Fa0/1, Fa0/2, Fa0/3, Fa0/4
                                                Fa0/5
20   VLAN0020                         active    Fa0/6, Fa0/7, Fa0/8, Fa0/9
                                                Fa0/10, Fa0/11, Fa0/12, Fa0/13
                                                Fa0/14, Fa0/15, Fa0/16, Fa0/17
                                                Fa0/18, Fa0/19, Fa0/20, Fa0/21
                                                Fa0/22
1002 fddi-default                     act/unsup
1003 token-ring-default               act/unsup
1004 fddinet-default                  act/unsup
1005 trnet-default                    act/unsup
```

图 3 - 2　vlan **状态**

我们要学会边配置边检验，在后续的学习中，我们将会学习一系列"show"开头的命令，这些命令可以让我们监控当前设备的状态。配置过程是否成功，或者出现了哪些错误，都可以在 show 命令中得以观察。

图 3 - 2 是当前交换机 vlan 的配置结果。我们看到，此交换机具有 vlan 1、vlan 10、vlan 20 和 vlan 1002 到 vlan 1005。其中，vlan 1 是交换机默认的 vlan，不需要创建，也不能删除，此时 vlan 1 包括端口 f0/23-24。而 vlan 10 和 vlan 20 是我们刚才通过命令创建的两个 vlan，其中 vlan 10 包括端口 f0/1-5，vlan 20 包括端口 f0/6-22。通过此表格，我们知道了刚才对 vlan 进行的配置都非常成功，可以放心进入下一步操作。vlan 1002 到 vlan 1005 是交换机系统自带的 vlan，可以不予理会。若发现表格展示的 vlan 结果并不是我们预期想要的结果，则需要再次进行 vlan 的配置，让问题得以纠正。

 技术要点

一、交换机工作原理

两台电脑可以直接用网线连接，如果有多台电脑，则需要通过连接到交换机上才能相互访问。假如一台交换机上接了 20 台电脑，那么其中主机 A 怎么才能找到主机 B，这就是我们要了解的交换机工作原理。每台电脑的网卡都有全球唯一的 MAC 地址，交换机通过查找 MAC 地址表来寻找正确的主机，主机对应的 MAC 地址如图 3 - 3 所示：

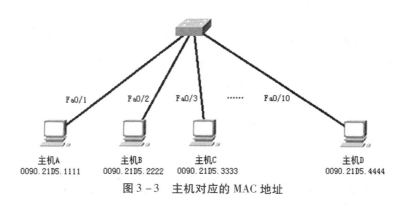

图 3 - 3　**主机对应的 MAC 地址**

交换机首次通电之后，处理数据的步骤如下：读取源 MAC→学习→读取目标 MAC→

查找 MAC 表→转发或者广播。

交换机刚加电时 MAC 地址表是空的。这时 A 要发数据给 D，交换机收到 A 发的数据包时，读取源 MAC 地址（A 的 MAC 地址），并查找 MAC 地址表，如果没有匹配的条目，就进行学习，即把该 MAC 地址和数据包进来的端口号一起写入；如果有，就不需要写入。这个案例里，MAC 地址表是空的，所以交换机会学习，把 0090.21D5.1111 和 F0/1 写入 MAC 地址表。同时，读取目标 MAC 地址（D 的 MAC 地址）进行转发，但是发现 MAC 地址表中没有 D 的条目，则从所有接口广播数据包。

B 和 C 收到广播数据包之后发现目标不是自己，则丢弃该数据包。D 收到数据包后，会回应 A，交换机收到 D 发的数据包时，读取源 MAC 地址（D 的 MAC 地址），并查找 MAC 地址表进行学习，把 0090.21D5.4444 和 F0/10 写入 MAC 地址表。同时，读取目标 MAC 地址（A 的 MAC 地址）进行转发，查找 MAC 地址表，发现有一个对应条目 0090.21D5.1111 和 F0/1，那么就知道去往 A 应该从 F0/1 端口转发出去。

经过一段时间之后，交换机会学习到所有主机的 MAC 及端口对应的关系，形成一个完整的 MAC 地址，然后交换机通过查找该 MAC 地址表来寻找相应的主机。

```
Switch#show mac-address-table
          Mac Address Table
-------------------------------------------------

Vlan      Mac Address      Type          Ports
-------   -------------    -------      -------
10090.21D5.1111      DYNAMIC      Fa0/1
10090.21D5.2222      DYNAMIC      Fa0/2
10090.21D5.3333      DYNAMIC      Fa0/3
10090.21D5.4444      DYNAMIC      Fa0/10
```

二、vlan

1. vlan

vlan 是一种将局域网（LAN）设备从逻辑上划分成一个个网段，从而实现虚拟工作组的数据交换技术。

它主要是解决交换机无法限制广播的问题，这种技术可以把一个 LAN 划分成多个逻辑的 LAN，每个 vlan 为一个广播域。广播报文被限制在一个 vlan 内，从而 vlan 内的主机通信就像在一个 LAN 内通信，不同的 vlan 不能直接通信。

2. vlan 作用

（1）限制广播域。广播报文被限制在一个 vlan 内，减少了广播流量，提高了整体工作效率。

（2）增加局域网的安全性。不同 vlan 内的报文在传输时是相互隔离的，即一个 vlan 内的用户不能和其他 vlan 内的用户直接通信，如果不同 vlan 要进行通信，则需要通过路由器或三层交换机等三层设备。

（3）管理方便灵活。不同地点、不同用户如果有相似网络需求可以共享同一个 vlan，形成一个虚拟的网络环境，就像使用本地 LAN 一样方便、灵活、有效。

3. vlan 分类

定义 vlan 成员的方法有很多，这里介绍两种常见的 vlan 划分方式：基于端口的 vlan 和基于 MAC 地址的 vlan。

（1）基于端口的 vlan。这是最常应用的一种 vlan 划分方法，应用也最为广泛、最有效，大多数交换机都提供这种 vlan 配置方法。交换机的 1、2 端口属于 vlan 10，交换机的 3、10 端口属于 vlan 20，如图 3 - 4 所示：

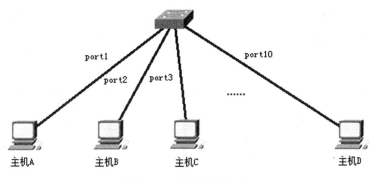

图 3 - 4　基于端口的 vlan

表 3 - 2　端口和 vlan 对应表

vlan 表	端口	Port1	Port2	Port3	……	Port10
	vlan	vlan 10	vlan 10	vlan 20	……	vlan 20

（2）基于 MAC 地址的 vlan。基于端口的 vlan 的划分简单、有效，但其缺点是当用户从一个端口移动到另一个端口时，网络管理员必须对 vlan 成员进行重新配置。那么基于 MAC 地址的 vlan 可以解决这个问题。基于 MAC 地址的 vlan 是用电脑的 MAC 地址定义的 vlan。无论电脑移动到局域网的哪个地方，它所属的 vlan 都不会变化。如图 3 - 5 所示：

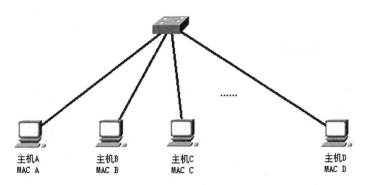

图 3 - 5　基于 MAC 地址的 vlan

表3-3　MAC 地址和 vlan 对应表

vlan 表	MAC 地址	MAC A	MAC B	MAC C	……	MAC D
	vlan	vlan 10	vlan 10	vlan 20	……	vlan 20

检测报告及故障排查

本次任务需要验证两个方面，首先要保证同一个 vlan 互通，包括经理部之间、员工部之间要互通，另一方面要保证不同 vlan 隔离，即员工部的设备不能访问经理部的设备。通过下表，我们逐项进行验证。

表3-4

验证项目	验证步骤	预期验证结果	实际验证结果	结论
经理部内部通信	PC-J-1 ping PC-J-4	通	通/不通	同部门通信正常/不正常
员工部内部通信	PC-Y-1 ping PC-Y-18	通	通/不通	
跨部门通信	PC-J-1 ping PC-Y-18	不通	不通/通	同部门通信正常/不正常

验收人员对照上表进行验证。比如测试经理部内部通信的时候，预期效果是 PC-J-1 能够和 PC-J-4 通信，若实际验证结果是通，可以得出经理部内部通信正常的结论。当验证跨部门通信的时候，预期效果是两个部门进行了隔离，它们之间不应该通信，那么，若实际验证结果是不通，那么可以得出跨部门通信正常这个结论。

以上表格是抽取各个部门代表性的设备进行测试，如果这些设备都能够成功连接，则可以认为本次实验成功。若出现实际验证结果与预期验证结果不一致的情况，请重新回到实验过程，认真排查错误。以下列出最常见的错误，读者可以重点排查这些错误。

（1）物理连接错误，比如设备所连接的端口并不是划分到预期 vlan 的端口。

（2）IP 地址错误，相同 vlan 的设备的 IP 地址要配置在同一个网段。

命令小结

命令	说明
vlan vlan-id	创建 vlan 号码为 vlan-id 的 vlan
name vlan-name	为 vlan 标注名字 vlan-name
interface FastEthernet0/x	配置端口 f0/x
interface range FastEthernet0/x-y	同时配置多个端口 f0/x 到 f0/y
switchport access vlan vlan-id	把该端口划分到 vlan vlan-id
show vlan	查看 vlan 信息

扩展练习

小 A 还发现，如果经济条件许可，可以把二层交换机换成性能更高的三层交换机，三层交换机的 vlan 设置命令与二层交换机相同。小 A 还决定把三层交换机的 F0/23 和 F0/24 端口分配给服务器。服务器采用 192.168.30.0/24 网段。

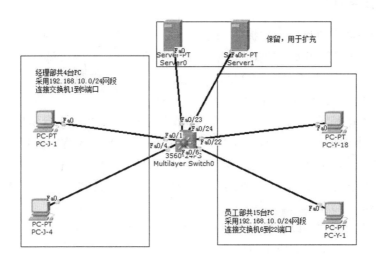

图 3 – 6

参考代码如下：

```
host SL3
vlan 10
vlan 20
vlan 30

int r f0/1-5
sw ac vl 10
int r f0/6-22
sw ac vl 20
int r f0/23-24
sw ac vl 30
```

读者可以发现，其实我们用到的命令并不多，用到的英文也不多，只要每个任务在理解的基础上记忆命令，就可以积少成多，掌握路由器和交换机的命令。

除了编写命令之外，读者还需要设计检测方案，可以参考"检测报告与故障排查"部分。

项目四　中型企业网络搭建

任务描述

　　小 A 成功完成了项目三，掌握了 vlan 技术，实现了多个部门的小型企业网络搭建，并具备了二层交换机的相关理论知识。有一天，他的朋友小 B 继续邀请他帮忙，但这次小 B 所在的企业是一个中型企业，在这里搭建企业网络具有一定的挑战性。

　　小 B 所在的企业位于大楼的一楼和二楼。在这两层楼中设有两个部门，分别是销售部和技术部。一楼有 15 台销售部的 PC，5 台技术部的 PC；二楼有 5 台销售部的 PC，15 台技术部的 PC。小 A 的任务是：同一个部门无论在一楼还是二楼都能实现通信；销售部和技术部相对独立，需要把它们隔离以提高安全性和通信效率。部门之间也有通信需求，如何在保持独立的情况下实现跨部门的通信？这将是小 A 本次任务的关键。本次任务经费需要控制在 20 000 元以下。

　　小 A 根据需求规划了以下规划图（见图 4 - 1）。由于这次项目具有一定的挑战性，需要小 A 攻克两个子任务来完成本项目。

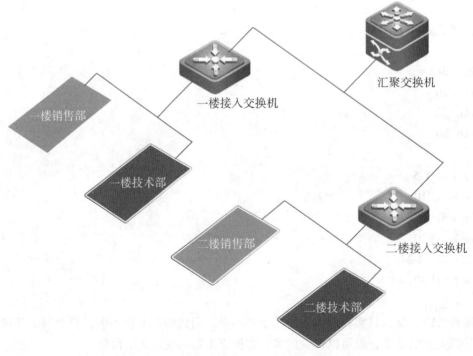

图 4 - 1　中型企业网规划

任务一　通过干线实现交换机间相同 vlan 的通信

 设备清单

小 A 考虑到在本项目中，隶属于同一部门的用户分散在同一座建筑物中的不同楼层中，因此需要两台二层交换机，一台作为一楼用户的接入交换机，另一台作为二楼用户的接入交换机。同时由于同一 vlan 的用户需要互相访问，两台交换机之间需要互连起来。

因此，本次任务需要两台二层交换机。

 技术分析

小 A 发现，项目三已经成功实现了部门的隔离，也就是说，这些都是已经掌握的技术。本次任务的旧知识和技术包括：

（1）同一交换机的 vlan 配置。

（2）同一交换机的 vlan 验证。

本次任务相对于项目二最大的不同之处是，这些部门位于两个不同的交换机，跨交换机实现同一 vlan 的通信是新技术，也就是说，本次任务小 A 面临的新知识和技术包括：

（1）理解干线的作用。

（2）掌握在二层交换机配置干线。

（3）为了将来深入学习网络，小 A 需要知道干线最基本的工作原理。

 总体步骤

（1）网络拓扑设计。

（2）IP 地址设计及配置。

（3）在两台二层交换机中创建 vlan 并添加端口。

（4）把连接两台交换机的连线配置为干线。

 实施步骤

步骤 1　网络拓扑设计

本次任务中，每个楼层的技术部和销售部共有 20 台 PC，刚好可以在每个楼层放置一台 24 口二层交换机。楼层之间采用一条网线连接，所有跨楼层的数据都要通过这条网线传输。网络拓扑图如图 4 - 2 所示。

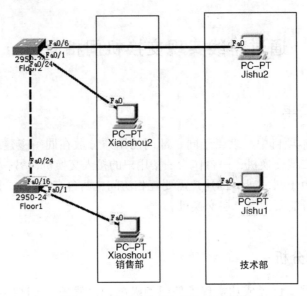

图 4 - 2　中型企业网二层交换拓扑图

步骤 2　IP 地址设计及配置

在项目三中我们知道，同一个 vlan 的设备是互通的，不同 vlan 的设备是不能通信的。为了使 IP 地址设计便于记忆和划分明确，我们可以沿用项目三的 IP 地址设计方法进行设计。技术部划分到 vlan 10，采用 192.168.10.0/24 网段，技术部划分到 vlan 20，采用 192.168.20.0/24 网段。详细地址分配如表 4 - 1 所示：

表 4 - 1　中型企业网 IP 规划

部门	vlan	网段	设备	IP
技术部	10	192.168.10.0 255.255.255.0	PC-J-1	192.168.10.101/24
			……	……
			PC-J-20	192.168.10.120/24
销售部	20	192.168.20.0 255.255.255.0	PC-Y-1	192.168.20.101/24
			……	……
			PC-Y-20	192.168.20.120/24

步骤 3　在两台二层交换机中创建 vlan 并添加端口

"分解"是学习网络搭建的时候一个重要的思想，很多大的任务都可以分解为小的已知的子任务来解决。例如本次任务，对于一楼的 Floor1 交换机，其配置 vlan 的方式与项目三相同，同样都是先创建 vlan，再把端口加入 vlan 当中。这都是小 A 已经掌握的技能，小

A 可以对照下表进行 Floor1 交换机和 Floor2 交换机的配置。

表 4 - 2　中型企业网 vlan 规划

设备名称	vlan 号码	端口范围
Floor1	10	1 ~ 15
	20	16 ~ 20
Floor2	10	1 ~ 5
	20	6 ~ 20

读者可以按照上表对 vlan 自行设置，以下是 Floor1 的参考命令：

Switch >

Switch > ena

Switch#conf t

Enter configuration commands, one per line. End with CNTL/Z.

Switch(config)#host Floor1

Floor1(config)#vlan 10

Floor1(config-vlan)#ex

Floor1(config)#vlan 20

Floor1(config-vlan)#ex

Floor1(config)#int r f0/1-15

Floor1(config-if-range)#switchport access vlan 10

Floor1(config-if-range)#exit

Floor1(config)#int r f0/16-20

Floor1(config-if-range)#switchport access vlan 20

Floor1(config-if-range)#exit

以下是 Floor2 的参考命令：

Switch >

Switch > ena

Switch#conf t

Enter configuration commands, one per line. End with CNTL/Z.

Switch(config)#host Floor2

Floor2(config)#vlan 10

Floor2(config-vlan)#exit

Floor2(config)#vlan 20

Floor2(config-vlan)#exit

Floor2（config）#int r f0/1-5

Floor2（config-if-range）#sw ac vl 10

Floor2（config-if-range）#ex

Floor2（config）#int r f0/6-20

Floor2（config-if-range）#sw ac vl 20

Floor2（config-if-range）#ex

读者在进行配置的时候，应该养成"步步为营"的习惯，在完成每一个步骤之后，采用 show 命令，检查此步骤是否已经设置成功。如果已经设置成功，就可以放心进入下一个步骤；若在检查的时候发现问题，则需要马上改正，以免错误积累，导致后续步骤产生更多错误。

比如，以上步骤配置 vlan 之后，采用 show vlan 命令，检查相应端口是否已经划入期望的 vlan 之中。预期结果如图 4 - 3 所示：

```
Floor1#show vlan

VLAN Name                             Status    Ports
---- -------------------------------- --------- -------------------------------
1    default                          active    Fa0/21, Fa0/22, Fa0/23, Fa0/24
10   VLAN0010                         active    Fa0/1, Fa0/2, Fa0/3, Fa0/4
                                                Fa0/5, Fa0/6, Fa0/7, Fa0/8
                                                Fa0/9, Fa0/10, Fa0/11, Fa0/12
                                                Fa0/13, Fa0/14, Fa0/15
20   VLAN0020                         active    Fa0/16, Fa0/17, Fa0/18, Fa0/19
                                                Fa0/20
1002 fddi-default                     act/unsup
1003 token-ring-default               act/unsup
1004 fddinet-default                  act/unsup
1005 trnet-default                    act/unsup


Floor2#show vlan

VLAN Name                             Status    Ports
---- -------------------------------- --------- -------------------------------
1    default                          active    Fa0/6, Fa0/7, Fa0/8, Fa0/9
                                                Fa0/10, Fa0/11, Fa0/12, Fa0/13
                                                Fa0/14, Fa0/15, Fa0/21, Fa0/22
                                                Fa0/23, Fa0/24
10   VLAN0010                         active    Fa0/1, Fa0/2, Fa0/3, Fa0/4
                                                Fa0/5
20   VLAN0020                         active    Fa0/16, Fa0/17, Fa0/18, Fa0/19
                                                Fa0/20
1002 fddi-default                     act/unsup
1003 token-ring-default               act/unsup
1004 fddinet-default                  act/unsup
1005 trnet-default                    act/unsup
```

图 4 - 3　vlan 结果

步骤 4　把连接两台交换机的连线配置为干线

Trunk（干线）是交换机和交换机之间常用的技术。当网络中存在两台或两台以上的交换机，且每个交换机上均划分了共同的 vlan 时，那么这些交换机之间的链路可以配置为干线。只有当交换机之间的链路配置为干线时，多个 vlan 的数据才可以同时在此链路上传输。

我们可以通过"?"的方式，知道端口的两种模式：

Floor1（config）#int f0/24
Floor1（config-if）#switchport mode ?
  access   Set trunking mode to ACCESS unconditionally
  dynamic   Set trunking mode to dynamically negotiate access or trunk mode
  trunk   Set trunking mode to TRUNK unconditionally

在这段代码中，我们观察到，f0/24 具有三种模式。Access 为接入模式，是端口默认的状态，通常连接计算机；dynamic 是动态模式，可以让端口自动协商为 access 模式或 trunk 模式；trunk 为干线模式，允许多个 vlan 的数据通过此端口，通常用作交换机互联。

以下命令把两台交换机的 f0/24 端口配置为干线模式：

Floor1（config）#int f0/24
Floor1（config-if）#switchport mode trunk

Floor2（config）#int f0/24
Floor2（config-if）#switchport mode trunk

成功配置以上命令后，会出现以下提示信息，提示 f0/24 已经成功配置为干线，状态变为打开（up）：

% LINEPROTO-5-UPDOWN：Line protocol on Interface FastEthernet0/24，changed state to down

% LINEPROTO-5-UPDOWN：Line protocol on Interface FastEthernet0/24，changed state to up

通过 show vlan 命令，查看端口的分配，将会发现 f0/24 已经不出现在任何一个 vlan 当中了，如图 4-4 所示：

```
VLAN Name                             Status    Ports
---- -------------------------------- --------- -------------------------------
1    default                          active    Fa0/21, Fa0/22, Fa0/23
10   VLAN0010                         active    Fa0/1, Fa0/2, Fa0/3, Fa0/4
                                                Fa0/5, Fa0/6, Fa0/7, Fa0/8
                                                Fa0/9, Fa0/10, Fa0/11, Fa0/12
                                                Fa0/13, Fa0/14, Fa0/15
20   VLAN0020                         active    Fa0/16, Fa0/17, Fa0/18, Fa0/19
                                                Fa0/20
1002 fddi-default                     act/unsup
1003 token-ring-default               act/unsup
1004 fddinet-default                  act/unsup
1005 trnet-default                    act/unsup
```

图 4-4　划分 vlan 结果

技术要点

在上面的任务中，需要实现跨交换机的 vlan 通信，如果在两个交换机之间为每个 vlan 配置一个链路，那么 vlan 越多，交换机间互联所需的端口也越多。交换机端口的利用效率低是对资源的一种浪费，也限制了网络的扩展。那么我们可不可以使用一个链路承载多个 vlan 呢？这个问题可以通过 vlan Trunk 来解决。

vlan Trunk（虚拟局域网中继技术）的作用是让连接在不同交换机上的相同 vlan 中的主机互通。

vlan Trunk 的原理比较简单，就是出发前加个标识，再把标识的方法告诉对方。例如，三个分别来自 1、2、3 班的学生，到另一个学校去，分别要参观 1、2、3 班的上课情况，对方的学校怎么识别他们分别应该去哪个班级？可以在他们走之前每人戴一个胸牌表明自己是哪个班，对方就能识别了。同理，vlan Trunk 的原理是交换机给每个去往其他交换机的数据帧打上 vlan 标识，以使其他交换机识别该数据包属于哪一个 vlan，如图 4-5 所示：

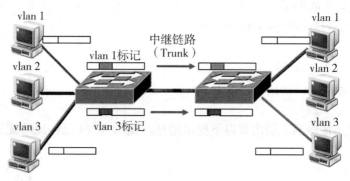

图 4-5 Trunk 示意图

如图 4-5 所示，交换机 1 的 vlan 3 中的主机要访问交换机 2 的 vlan 3 中的主机，我们可以把两台交换机的互联端口设置为 Trunk 端口，当交换机 1 把数据包从中继链路发出去的时候，会在数据包中做一个标记（TAG），以使交换机 2 识别出该数据包属于 vlan 3。这样，交换机 2 收到这个数据包后，只会将该数据包转发到标记中指定的 vlan 3，从而完成了跨越交换机的 vlan 内部数据传输。

vlan Trunk 目前有两种标准，即 ISL 和 802.1q，前者是 Cisco 专有技术，后者则是 IEEE 的国际标准，除了 Cisco 两者都支持外，其他厂商都只支持后者。

 检测报告及故障排查

在学习 vlan 的时候，我们知道了 vlan 可以实现广播隔离，同一个 vlan 的设备互通，但是不同 vlan 的设备就不能二层通信了。在本任务中，有销售部和技术部两个部门，我们也需要验证销售部内部的设备能够通信，技术部内部的设备也能够通信，但是销售部和技术部不能互相通信。

表 4 – 3　中型企业网检测报告

验证项目	验证步骤	预期验证结果	实际验证结果	结论
销售部内部通信	Xiaoshou1 ping Xiaoshou2	通	通/不通	同部门通信
技术部内部通信	Jishu1 ping Jishu2	通	通/不通	正常/不正常
跨部门通信	Xiaoshou1 ping Jishu1 Xiaoshou1 ping Jishu2	不通	不通/通	同部门通信 正常/不正常

　　验收人员对照上表进行验证。比如测试销售部内部通信的时候，预期效果是Xiaoshou1能够和 Xiaoshou2 通信，若实际验证结果是通，可以得出经理部内部通信正常的结论。当验证跨部门通信的时候，预期效果是两个部门进行了隔离，它们之间不应该通信，那么，若实际验证结果是不通，那么可以得出跨部门通信正常这个结论。

　　读者可以发现，本次验证过程和小型企业网项目中 vlan 的验证方法是一样的，同样是抽取相同 vlan 和不同 vlan 的设备进行验证。也就是说，干线在验证过程中是透明的。的确，从现象上说，干线实现了多个 vlan 跨交换机通信，让多台交换机如同一台具有很多个端口的交换机那样通信。

　　以上表格抽取了各个部门代表性的设备进行测试，如果这些设备都能够成功连接，则可以认为本次实验成功。若出现实际验证结果与预期验证结果不一致的情况，请读者重新回到实施过程，认真排查错误。

　　干线实训出现的错误可以分为两类，读者可以重点排查：

　　（1）vlan 配置错误，如单独一台交换机的 vlan 配置错误了，那么多台交换机并在一起当然不可能正常。读者可以通过 show vlan 观察 vlan 端口表认真排查。

　　（2）干线配置错误，也就是单独的每一台交换机都配置正确，但是它们合在一起就不正确了，问题出在它们之间的干线上。读者可以通过 show run 查看交换机之间的端口是否已经配置为干线。

命令小结

命令	说明
interface FastEthernet0/x	进入某个接口
interface range FastEthernet0/x-y	进入连续几个接口
switchport mode trunk	把接口配置为 trunk 模式
show vlan	查看 vlan 信息

扩展练习

　　如图 4 – 6 所示，某公司和小 B 公司的网络拓扑结构类似，设有两个部门，分别是销售部和技术部。一楼有9台销售部的PC，10台技术部的PC；二楼有9台销售部的PC，10台技术部的PC，但是二楼的交换机换成了Cisco 3560的24口三层交换机。为了让连接在不同交换机上的相同vlan中的主机互通，两台交换机之间使用干线互联。请实现相同部门可以相互通信，不同部门相互隔离这一目标。

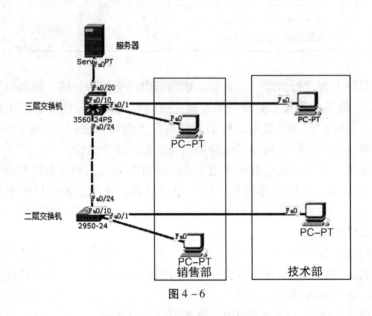

图4-6

提示：三层交换机在配置接口类型为trunk时，需要先告诉交换机使用802.1q来封装，因此，在接口配置switchport mode trunk命令前，需要在接口模式下配置switchport trunk encapsulation dot1q命令。

2950-24参考代码：

```
vlan 10
vlan 20

int r f0/1-9
sw ac vl 10
int r f0/10-19
sw ac vl 20

int f0/24
sw mo tr
```

3560-24参考代码：

```
vlan 10
vlan 20
```

```
vlan 30

int r f0/1-9
sw ac vl 10
int r f0/10-19
sw ac vl 20
int f0/20
sw ac vl 30

int f0/24
switchport trunk encapsulation dot1q
sw mo tr
```

任务二　通过虚拟子接口实现跨部门通信

 ### 设备清单

在前几个项目中，小 A 已经非常熟悉二层交换机的作用了——为局域网用户提供接入端口。同时因为在小型局域网中，广播数据包影响不大，二层交换机的快速交换功能、多个接入端口和低廉的价格为小型网络用户提供了很完善的解决方案。

但现在公司的需求是部门之间也能通信。如何在保持各部门间独立的情况下实现跨部门的通信？小 A 找到了比较好的解决方案，即通过增加三层交换机来解决这一问题。

三层交换机是带有路由功能的交换机，其最重要的目的是加快大型局域网内部的数据交换。如果把大型网络按照部门、地域等因素划分成一个个小局域网，这将导致大量的不同网段需要互访，单纯使用二层交换机不能实现这一功能。如单纯使用路由器，由于接口数量有限和路由转发速度慢，将限制网络的速度和网络规模，因此采用具有路由功能的快速转发的三层交换机就成为首选。

在中大型网络中，经常把三层交换机部署在汇聚层或核心层，用三层交换机上的千兆端口或百兆端口连接不同的子网或 vlan。其典型的做法是：处于同一个局域网中的各个子网的互联互访以及局域网中 vlan 间的相互通信，使用三层交换机来实现。

参考任务一，用两台二层交换机提供设备接入，另外增加一台三层交换机实现跨部门互联，因此，本次任务需要一台三层交换机和两台二层交换机。

 ### 技术分析

任务一已经实现了部门的划分，而且通过干线技术解决了同一部门跨交换机通信的问题。本次任务的旧知识和技术是：通过干线，实现跨交换机同一 vlan 的配置和验证。

本次任务最大的挑战是，小 A 所在的企业是一个整体，不同部门之间需要采用一种高效的方式进行通信。部门之间采用 vlan 技术实现广播隔离，但是，部门之间也需要进行通信，这就需要通过三层交换机的虚拟子接口功能来实现，于是，本次任务的新知识和技术包括：

（1）在三层交换机中配置干线。

（2）理解虚拟子接口的作用。

（3）掌握虚拟子接口的配置方法。

（4）了解三层通信的过程。

总体步骤

（1）网络拓扑设计。

（2）IP 地址设计及配置。

（3）在两台二层交换机中创建 vlan 并添加端口。

（4）在三层交换机中创建 vlan。

（5）配置交换机之间的干线。

（6）验证跨交换机同一部门的设备能够互相访问。

（7）在三层交换机配置虚拟子接口 SVI。

实施步骤

步骤 1　网络拓扑设计

任务一已经实现了跨交换机同一部门的通信，底层网络已经能够胜任本次任务，于是底层我们依然采用两台二层交换机作为接入交换机。

但是本次任务最大的挑战是跨部门通信，也就是技术上的跨网段通信，二层设备是无能为力的。因此，我们新增一台三层交换机，放在二层交换机的上一层，让此三层交换机来实现跨网段的路由功能。

三层交换机具备部分路由器的路由功能，能够做到"一次路由，多次转发"，是一种高效的网络设备，通常用于内部网络中的汇聚层。

拓扑图设计如图 4-7 所示：

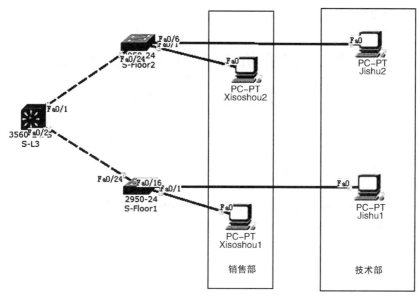

图4-7 中型企业网三层交换拓扑图

步骤2 IP地址设计及配置

任务一已经很好地设计了设备的 IP 地址，完全可以运用到本次任务中。而新增的三层交换机也创建有 vlan 10 和 vlan 20。在三层交换机中配置虚拟子接口，每个虚拟子接口需要设计一个 IP 地址，并作为接入设备网关的 IP 地址。设计如下：

表4-4 中型企业网 IP 地址规划

部门	Vlan	网段	设备	IP
技术部	10	192.168.10.0 255.255.255.0	PC-J-1	192.168.10.101/24
			……	……
			PC-J-20	192.168.10.120/24
销售部	20	192.168.20.0 255.255.255.0	PC-Y-1	192.168.20.101/24
			……	……
			PC-Y-20	192.168.20.120/24
三层设备	10	192.168.10.0 255.255.255.0		192.168.10.1/24
	20	192.168.20.0 255.255.255.0		192.168.20.1/24

在本表中读者也可以发现，无论是真实物理设备 PC 还是三层设备中的 vlan IP，同一个 vlan 都必须配置为同一网段的 IP 地址。比如，PC-J-1 和三层交换机 vlan 10 的 IP 地址都

是 192. 168. 10. 0/24 网段。

步骤3　在两台二层交换机中创建 vlan 并添加端口

此步骤与任务一中的步骤3是一模一样的。参考配置如下：

Switch >
Switch > ena
Switch#conf t
Enter configuration commands, one per line. End with CNTL/Z.
Switch(config)#host Floor1
Floor1(config)#vlan 10
Floor1(config-vlan)#ex
Floor1(config)#vlan 20
Floor1(config-vlan)#ex
Floor1(config)#int r f0/1-15
Floor1(config-if-range)#switchport access vlan 10
Floor1(config-if-range)#exit
Floor1(config)#int r f0/16-20
Floor1(config-if-range)#switchport access vlan 20
Floor1(config-if-range)#exit

Switch >
Switch > ena
Switch#conf t
Enter configuration commands, one per line. End with CNTL/Z.
Switch(config)#host Floor2
Floor2(config)#vlan 10
Floor2(config-vlan)#exit
Floor2(config)#vlan 20
Floor2(config-vlan)#exit
Floor2(config)#int r f0/1-5
Floor2(config-if-range)#sw ac vl 10
Floor2(config-if-range)#ex
Floor2(config)#int r f0/16-20
Floor2(config-if-range)#sw ac vl 20
Floor2(config-if-range)#ex

预期结果如图4-8所示：

```
Floor1#show vlan

VLAN Name                             Status    Ports
---- -------------------------------- --------- -------------------------------
1    default                          active    Fa0/21, Fa0/22, Fa0/23, Fa0/24
10   VLAN0010                         active    Fa0/1, Fa0/2, Fa0/3, Fa0/4
                                                Fa0/5, Fa0/6, Fa0/7, Fa0/8
                                                Fa0/9, Fa0/10, Fa0/11, Fa0/12
                                                Fa0/13, Fa0/14, Fa0/15
20   VLAN0020                         active    Fa0/16, Fa0/17, Fa0/18, Fa0/19
                                                Fa0/20
1002 fddi-default                     act/unsup
1003 token-ring-default               act/unsup
1004 fddinet-default                  act/unsup
1005 trnet-default                    act/unsup


Floor2#show vlan

VLAN Name                             Status    Ports
---- -------------------------------- --------- -------------------------------
1    default                          active    Fa0/6, Fa0/7, Fa0/8, Fa0/9
                                                Fa0/10, Fa0/11, Fa0/12, Fa0/13
                                                Fa0/14, Fa0/15, Fa0/21, Fa0/22
                                                Fa0/23, Fa0/24
10   VLAN0010                         active    Fa0/1, Fa0/2, Fa0/3, Fa0/4
                                                Fa0/5
20   VLAN0020                         active    Fa0/16, Fa0/17, Fa0/18, Fa0/19
                                                Fa0/20
1002 fddi-default                     act/unsup
1003 token-ring-default               act/unsup
1004 fddinet-default                  act/unsup
1005 trnet-default                    act/unsup
```

图 4 - 8　划分 vlan 结果

步骤 4　在三层交换机中创建 vlan

三层交换机同时具备二层交换机的所有功能。vlan 是二层协议，完全可以运用到三层交换机中。在三层交换机中创建 vlan 的配置与在二层交换机中配置的方法是一样的。

Switch >

Switch > enable

Switch#conf t

Enter configuration commands, one per line. End with CNTL/Z.

Switch(config)#host S-L3

S-L3(config)#vlan 10

S-L3(config-vlan)#exit

S-L3(config)#vlan 20

S-L3(config-vlan)#exit

步骤 5　配置交换机之间的干线

二层交换机 Floor1 和 Floor2 的干线配置可参考任务一。

Floor1 (config) #int f0/24

Floor1 (config-if) #switchport mode trunk

Floor2 (config) #int f0/24

Floor2 (config-if) #switchport mode trunk

干线属于二层协议，在三层交换机中配置干线的方法类似于二层交换机，不过端口在配置为干线之前，需要明确声明封装协议为 802.1q。

S-L3 (config) #int f0/1

S-L3 (config-if) #switchport trunk encapsulation dot1q

S-L3 (config-if) #switchport mode trunk

S-L3 (config-if) #exit

S-L3 (config) #int f0/2

S-L3 (config-if) #switchport trunk encapsulation dot1q

S-L3 (config-if) #switchport mode trunk

步骤6　验证跨交换机同一部门的设备能够互相访问

我们依然执行"步步为营"的验证策略。以上步骤 1 到 4 相当于任务二，两条干线沟通了三台交换机，预期同一个 vlan 的设备是互通的，不同 vlan 的设备由于广播隔离而无法通信。可按表 4-5 的方法验证跨交换机同一部门的网络连通性。

表 4-5　验证跨交换机同一部门的网络连通性

验证项目	验证步骤	预期验证结果	实际验证结果	结论
销售部内部通信	Xiaoshou1 ping Xiaoshou2	通	通/不通	同部门通信
技术部内部通信	Jishu1 ping Jishu2	通	通/不通	正常/不正常
跨部门通信	Xiaoshou1 ping Jishu1 Xiaoshou1 ping Jishu2	不通	不通/通	同部门通信 正常/不正常

读者可以留意一下跨部门通信在此时是不通的。只有在完成以下虚拟子接口的配置后，跨部门才可以通信。

步骤7　在三层交换机配置虚拟子接口 SVI

此步骤是本次任务的关键，配置虚拟子接口 SVI（Switch Virtual Interface）方可在三层交换机中实现路由功能。

首先通过 IP routing 命令打开三层交换机的路由功能。

S-L3（config）#ip routing

打开路由功能后，配置虚拟子接口 SVI。

S-L3（config）#int vlan 10；创建 vlan 10 的 SVI
% LINK-5-CHANGED：Interface vlan 10，changed state to up
% LINEPROTO-5-UPDOWN：Line protocol on Interface vlan 10，changed state to up
；出现以上两句提示，表示虚拟子接口 vlan 10 已经创建
S-L3（config-if）#ip address 192. 168. 10. 1 255. 255. 255. 0
；配置 vlan 10 这个虚拟子接口的 IP 地址
S-L3（config-if）#no shut
；打开 vlan 10 这个端口，由于默认已经打开，此命令可省
S-L3（config-if）#exit

读者可能发现，vlan 10 不同于 f0/1 这类物理端口，物理端口看得着摸得到，但是 vlan 10 这个端口并不存在于交换机的物理端口中，而是一种虚拟的端口。这个虚拟端口为 vlan 10 的接入设备提供网关，执行路由功能。

ip address 是本任务的新命令，格式如下：

ip address［IP 地址］［子网掩码］

把步骤 1 中设计好的 vlan 10 的 IP 地址填入以上格式中即可完成 vlan 10 的 IP 地址配置。需要注意的是，vlan 10 的 IP 网段必须跟接入 vlan 10 的设备一致。

我们用同样的方法完成 vlan 20 的 SVI 配置。

S-L3（config）#int vlan 20
S-L3（config-if）#
% LINK-5-CHANGED：Interface vlan 20，changed state to up

% LINEPROTO-5-UPDOWN：Line protocol on Interface vlan 20，changed state to up

S-L3（config-if）#ip add 192. 168. 20. 1 255. 255. 255. 0
S-L3（config-if）#no shut

读者可以通过以下命令观察 SVI 的状态：

S-L3#show ip int brief

查看结果比较长，读者可以在最下面看到以下内容：

```
Vlan10              192.168.10.1     YES manual up              up

Vlan20              192.168.20.1     YES manual up              up
```

以上结果表示，vlan 10 已经成功配置 IP 地址 192.168.10.1，物理状态为打开（up），端口状态也是打开（up）。

读者也可以通过以下命令观察三层交换机的路由表：

S-L3#show ip route

显示结果如下：

```
S-L3#show ip route
Codes: C - connected, S - static, I - IGRP, R - RIP, M - mobile, B - BGP
       D - EIGRP, EX - EIGRP external, O - OSPF, IA - OSPF inter area
       N1 - OSPF NSSA external type 1, N2 - OSPF NSSA external type 2
       E1 - OSPF external type 1, E2 - OSPF external type 2, E - EGP
       i - IS-IS, L1 - IS-IS level-1, L2 - IS-IS level-2, ia - IS-IS inter area
       * - candidate default, U - per-user static route, o - ODR
       P - periodic downloaded static route
Gateway of last resort is not set

C    192.168.10.0/24 is directly connected, Vlan10
C    192.168.20.0/24 is directly connected, Vlan20
```

关于路由表，在后续章节将会详细介绍。这里先稍作讲解。

```
S-L3#show ip route
Codes: C - connected, S - static, I - IGRP, R - RIP, M - mobile, B - BGP
       D - EIGRP, EX - EIGRP external, O - OSPF, IA - OSPF inter area
       N1 - OSPF NSSA external type 1, N2 - OSPF NSSA external type 2
       E1 - OSPF external type 1, E2 - OSPF external type 2, E - EGP
       i - IS-IS, L1 - IS-IS level-1, L2 - IS-IS level-2, ia - IS-IS inter area
       * - candidate default, U - per-user static route, o - ODR
       P - periodic downloaded static route
```

以上部分是路由表的说明，表示路由表的代码，比如 C 是直连路由（Connected），S 是静态路由（Static）等。每一次查看路由表都有以上信息。

```
C    192.168.10.0/24 is directly connected, Vlan10
C    192.168.20.0/24 is directly connected, Vlan20
```

以上部分才是路由表的内容，本次路由表有两个路由条目，都是 C（直连路由），接下来 192.168.10.0/24 和 192.168.20.0/24 表示目标网段，表示这两个网段可以到达，vlan 10 和 vlan 20 是直连路由的下一跳。如果数据需要转发到 192.168.10.0/24 网段，则交给 vlan 10；如果数据需要转发到 192.168.20.0/24 网段，则交给 vlan 20。数据完成了从一个网段到另一个网段的转发，这就是路由过程。

如果读者在路由表中看不到以上路由条目，通常是因为虚拟子端口不正常，或者 vlan 不正常，可以回到上述操作重新检查。

 技术要点

1. 直连路由

直连路由是由接口感知到的，一般指去往三层交换机或者路由器的直连接口地址所在网段的路径，无须手工配置。当接口配置 IP 地址时，该接口的物理层和数据链路层 UP，设备能够自动感知该链路存在，并且接口上的 IP 网段地址会自动出现在路由表中且与接口关联，动态随接口状态的变化在路由表中自动出现或消失。在本案例中，当 vlan 10 和 vlan 20 配置完 IP 地址后，在 show ip int brief 查看它们的状态均为 UP。

```
Vlan10              192.168.10.1    YES manual up          up

Vlan20              192.168.20.1    YES manual up          up
```

这个时候，通过 show ip route 这个命令查看其路由表，可以看到以 "C" 开头的条目，那么这两个条目就称为直连路由。

```
S-L3#show ip route
Codes: C - connected, S - static, I - IGRP, R - RIP, M - mobile, B - BGP
       D - EIGRP, EX - EIGRP external, O - OSPF, IA - OSPF inter area
       N1 - OSPF NSSA external type 1, N2 - OSPF NSSA external type 2
       E1 - OSPF external type 1, E2 - OSPF external type 2, E - EGP
       i - IS-IS, L1 - IS-IS level-1, L2 - IS-IS level-2, ia - IS-IS inter area
       * - candidate default, U - per-user static route, o - ODR
       P - periodic downloaded static route
Gateway of last resort is not set

C    192.168.10.0/24 is directly connected, Vlan10
C    192.168.20.0/24 is directly connected, Vlan20
```

2. 默认网关

在接入设备的网络设置里，有一个默认网关的选项。配置默认网关可以在接入设备中创建一个默认路径。当一台主机不知道该怎么传送数据包时，就把数据包发给默认网关，由这个网关来处理数据包。就像只有一道门的大院，要想去外面就必须从这道大门出去一样，默认网关是不可以随随便便指定的，必须正确地指定，否则此设备就会将数据包发给不是网关的设备，从而无法与其他网络的设备通信。

那么网关到底是什么呢？网关实质上是一个网络通向其他网络的 IP 地址，该 IP 地址是具有路由功能的设备的 IP 地址，具有路由功能的设备有三层交换机、路由器、代理服务器等。比如有网络 A 和网络 B，网络 A 的 IP 地址范围为 192.168.1.1 ~ 192.168.1.254，子网掩码为 255.255.255.0；网络 B 的 IP 地址范围为 192.168.2.1 ~ 192.168.2.254，子网掩码为 255.255.255.0。在没有路由器的情况下，两个网络之间是不能进行 TCP/IP 通信的，即使是两个网络连接在同一台交换机上，TCP/IP 协议也会根据子网掩码（255.255.255.0）判定两个网络中的主机是否处在不同的网络里。而要实现这两个网络之间的通信，则必须通过网关。如果网络 A 中的主机发现数据包的目的主机不在本地网络中，就把数据包转发给它自己的网关，再由网关转发给网络 B 的网关，网络 B 的网关再转发给网络 B 的某个主机。网络 B 向网络 A 转发数据包的过程也是如此。所以，只有设置好网关的 IP 地址，TCP/IP 协议才能实现不同网络之间的相互通信。那么这个 IP 地址是哪台机器的 IP 地址呢？在本任务中，这个 IP 地址就是交换机的 SVI 地址，或者路由器的接口地址。

3. 三层交换机工作原理

比如 A 要给 B 发送数据，已知目的 IP，那么 A 就用子网掩码取得网络地址，判断目的 IP 是否与自己在同一网段。如果在同一网段，但不知道转发数据所需的 MAC 地址，A 就发送一个 ARP 请求，B 返回其 MAC 地址，A 用此 MAC 封装数据包并发送给交换机，交换机起用二层交换模块，查找 MAC 地址表，将数据包转发到相应的端口。

如果目的 IP 地址显示不是同一网段的，那么 A 要实现和 B 的通信，在其缓存条目中没有对应的 MAC 地址条目，就将第一个正常数据包发送给一个默认网关，这个默认网关一般在操作系统中已经设好，这个默认网关的 IP 对应第三层路由模块，所以对于不是同一子网的数据，最先在 MAC 表中放的是默认网关的 MAC 地址（由源主机 A 完成）；然后就由三层模块接收此数据包，查询路由表以确定到达 B 的路由，将构造一个新的帧头，其中以默认网关的 MAC 地址为源 MAC 地址，以主机 B 的 MAC 地址为目的 MAC 地址。通过一定的识别触发机制，确立主机 A 与 B 的 MAC 地址及转发端口的对应关系，并记录进缓存条目表，以后的 A 到 B 的数据（三层交换机要确认是由 A 到 B 而不是到 C 的数据，还要读取帧中的 IP 地址），就直接交由二层交换模块完成，这就是通常所说的一次路由多次转发。

检测报告及故障排查

本任务的前提是部门内部通信正常，相比任务一最大的不同在于要求跨部门通信（见表 4-6）。

表 4-6　中型企业网任务二检测报告

验证项目	验证步骤	预期验证结果	实际验证结果	结论
销售部内部通信	Xiaoshou1 ping Xiaoshou2	通	通/不通	同部门通信正常/不正常
技术部内部通信	Jishu1 ping Jishu2	通	通/不通	
跨部门通信	Xiaoshou1 ping Jishu1 Xiaoshou1 ping Jishu2	通	不通/通	同部门通信正常/不正常

通过检测表可以发现，本次任务是在任务一的基础上，加上了跨部门通信的要求。因此，查错过程实际上是任务一叠加任务二的过程。

如果读者在前两步验证发现错误，则可以回到任务一的查错方法进行排查。

如果前两步部门内部通信正常，但是第三步跨部门通信不正常，则可以重点排查 SVI 的配置。

命令小结

命令	说明
switchport trunk encapsulation dot1q	配置 trunk 封装协议为 802.1q
ip routing	开启三层交换机的路由功能
interface vlan x	进入 SVI 接口配置模式
ip address ip_address subnet_mask	配置接口的 IP 地址和子网掩码
no shutdown	激活接口
show ip interface brief	查看接口状态信息
show ip route	查看路由信息

扩展练习

如图 4-9 所示，某公司和小 B 公司的网络拓扑结构类似，设有两个部门，分别是销售部和技术部。一楼有 9 台销售部的 PC，10 台技术部的 PC；二楼有 9 台销售部的 PC，10 台技术部的 PC。公司新增了一台服务器，用于协同工作。二楼的交换机为 Cisco 3560 的 24 口三层交换机。为了让连接在不同交换机上的相同 vlan 中的主机互通，两台交换机之间需使用干线互联。两个部门可以相互访问，并且这两个部门都要能访问服务器。

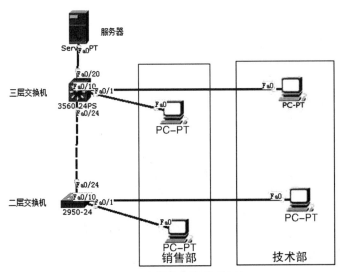

图 4-9　中型企业网扩展任务

细心的读者会发现，本扩展任务是任务一的扩展任务的加强版，在上一个任务的基础上，加上跨部门通信的要求。因此，我们只需要在三层交换机上添加虚拟子接口 SVI 的配置即可，并在所有接入设备上填上 SVI 的 IP 地址作为网关。参考代码如下：

```
ip routing
int vlan 10
ip add 192. 168. 10. 1 255. 255. 255. 0
int vlan 20
ip add 192. 168. 20. 1 255. 255. 255. 0
int vlan 30
ip add 192. 168. 30. 1 255. 255. 255. 0
```

项目五 企业网搭建案例

 任务描述

小 A 成功完成了项目四，他掌握了干线技术和虚拟子接口技术，并实现了跨部门的中型企业网络搭建，具备了三层交换机的相关理论知识。

今天，小 A 的朋友小 B 继续邀请他帮忙，但这次小 B 所在的企业是一个中型企业，分为总公司和分公司两部分，总公司又分为两个部门，两个部门需要连接到分公司网络。如何实现总公司和分公司之间网络的通畅，是小 A 本任务的关键。本任务经费需要控制在 35 000 元以下。

任务 通过静态路由器连接总公司和分公司

 技术分析

小 A 发现，本任务的总公司部分实际上是中型企业网络，在上一个任务中已经能够实现。也就是说，这些都是已经掌握的技术。本任务的旧知识和技术包括：

（1）交换机的 vlan 配置，干线配置；

（2）三层交换机的虚拟子接口配置。

本任务最大的不同之处是分公司网络，分公司设计了一台三层交换机。总公司和分公司的通信必须通过两台三层交换机来实现，三层交换机的数据转发需要采用路由技术来实现。由于本任务的路由比较简单，因此可以用静态路由来完成。本任务小 A 面临的新知识和技术包括：

（1）理解静态路由的作用。

（2）掌握静态路由的设置方法。

（3）了解路由表结构。

（4）理解下一跳的作用。

 总体步骤

（1）网络拓扑设计，IP 地址设计。

（2）总公司网络配置，包括：①vlan 划分；②干线配置；③配置虚拟子接口，使总公司内部网络互通。

（3）分公司网络配置。

（4）在总公司和分公司之间配置静态路由。

实施步骤

步骤 1　网络拓扑设计，IP 地址设计

本任务包括总公司和分公司部分。其中总公司部分分为两个部门——销售部和技术部，它们采用二层交换机进行接入，通过干线连接到总公司汇聚层交换机 S-L3 上。分公司部分比较简单，仅采用一台电脑作为代表。总公司和分公司之间采用交叉线进行连接。
拓扑设计见下图：

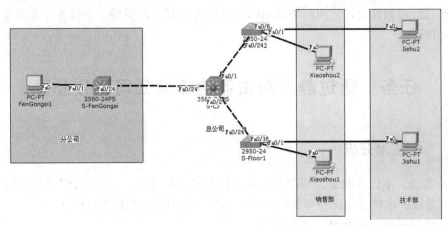

图 5 - 1

IP 地址方面，总公司部分我们可以沿用项目四的 IP 地址设计方法进行设计。技术部划分到 vlan 10，采用 192.168.10.0/24 网段，销售部划分到 vlan 20，采用 192.168.20.0/24 网段。分公司采用 192.168.30.0/24 网段。两台三层交换机之间采用 192.168.1.0/24 网段。详细地址分配如下表：

表 5 - 1　地址分配

部门	vlan	网段	设备	IP
技术部	10	192.168.10.0 255.255.255.0	PC-J-1	192.168.10.101/24
			PC-J-21	192.168.10.102/24
销售部	20	192.168.20.0 255.255.255.0	PC-Y-1	192.168.20.101/24
			PC-Y-2	192.168.20.102/24
分公司	30	192.168.30.0 255.255.255.0	Fengongsi1	192.168.30.101

（续上表）

部门	vlan	网段	设备	IP
三层交换机之间		192. 168. 1. 0 255. 255. 255. 0	S-L3	192. 168. 1. 1
			S-Fengongsi	192. 168. 1. 2

步骤2　总公司网络配置

我们继续采用"分解"的思想来完成本次项目。小 A 已经在以往任务里面完成了企业内部三层交换机虚拟子接口、vlan、干线等的配置。而本任务的总公司，可以理解为一个企业网。于是，我们可以采用以往任务同样的办法，先配置好总公司的网络。

1. vlan 划分：

下表列出两台二层交换机端口的划分：

表 5-2　二层交换机端口的划分

设备名称	vlan 号码	端口范围
Floor1	10	1 ~ 15
	20	16 ~ 20
Floor2	10	1 ~ 5
	20	6 ~ 20

读者可以按照上表对 vlan 进行自行设置，以下是 Floor1 的参考命令：

```
Switch >
Switch > ena
Switch#conf t
Enter configuration commands, one per line. End with CNTL/Z.
Switch(config)#host Floor1
Floor1(config)#vlan 10
Floor1(config-vlan)#ex
Floor1(config)#vlan 20
Floor1(config-vlan)#ex
Floor1(config)#int r f0/1-15
Floor1(config-if-range)#switchport access vlan 10
Floor1(config-if-range)#exit
Floor1(config)#int r f0/16-20
Floor1(config-if-range)#switchport access vlan 20
Floor1(config-if-range)#exit
```

以下是 Floor2 的参考命令：

```
Switch >
Switch > ena
Switch#conf t
Enter configuration commands, one per line. End with CNTL/Z.
Switch(config)#host Floor2
Floor2(config)#vlan 10
Floor2(config-vlan)#exit
Floor2(config)#vlan 20
Floor2(config-vlan)#exit
Floor2(config)#int r f0/1-5
Floor2(config-if-range)#sw ac vl 10
Floor2(config-if-range)#ex
Floor2(config)#int r f0/6-20
Floor2(config-if-range)#sw ac vl 20
Floor2(config-if-range)#ex
```

我们继续在配置完之后"步步为营"，查看两台二层交换机的 vlan 配置。如果已经设置成功，可以放心进入下一个步骤；若在检查的时候发现问题，则需要马上改正，以免错误积累，导致后续步骤产生更多错误。

S-Floor1 的预期效果如下：

```
Floor1#show vlan

VLAN Name                             Status    Ports
---- -------------------------------- --------- -------------------------------
1    default                          active    Fa0/21, Fa0/22, Fa0/23, Fa0/24
10   VLAN0010                         active    Fa0/1, Fa0/2, Fa0/3, Fa0/4
                                                Fa0/5, Fa0/6, Fa0/7, Fa0/8
                                                Fa0/9, Fa0/10, Fa0/11, Fa0/12
                                                Fa0/13, Fa0/14, Fa0/15
20   VLAN0020                         active    Fa0/16, Fa0/17, Fa0/18, Fa0/19
                                                Fa0/20
1002 fddi-default                     act/unsup
1003 token-ring-default               act/unsup
1004 fddinet-default                  act/unsup
1005 trnet-default                    act/unsup
```

S-Floor2 的预期效果如下：

```
Floor2#show vlan

VLAN Name                             Status    Ports
---- -------------------------------- --------- -------------------------------
1    default                          active    Fa0/6, Fa0/7, Fa0/8, Fa0/9
                                                Fa0/10, Fa0/11, Fa0/12, Fa0/13
                                                Fa0/14, Fa0/15, Fa0/21, Fa0/22
                                                Fa0/23, Fa0/24
10   VLAN0010                         active    Fa0/1, Fa0/2, Fa0/3, Fa0/4
                                                Fa0/5
20   VLAN0020                         active    Fa0/16, Fa0/17, Fa0/18, Fa0/19
                                                Fa0/20
1002 fddi-default                     act/unsup
1003 token-ring-default               act/unsup
1004 fddinet-default                  act/unsup
1005 trnet-default                    act/unsup
```

对于总公司内的三层交换机 S-L3，需要创建 vlan，此 vlan 将提供虚拟子接口。

Switch >

Switch > enable

Switch#conf t

Enter configuration commands，one per line. End with CNTL/Z.

Switch（config）#host S-L3

S-L3（config）#vlan 10

S-L3（config-vlan）#exit

S-L3（config）#vlan 20

S-L3（config-vlan）#exit

2. 配置干线

在总公司内的两台二层交换机和一台三层交换机，它们之间需要通过 vlan 10 和 vlan 20的数据，因此，需要把连接它们的端口配置为干线。

Floor1（config）#int f0/24

Floor1（config-if）#switchport mode trunk

Floor2（config）#int f0/24

Floor2（config-if）#switchport mode trunk

S-L3（config）#int f0/1

S-L3（config-if）#switchport trunk encapsulation dot1q

S-L3（config-if）#switchport mode trunk

S-L3（config-if）#exit

S-L3（config）#int f0/2

S-L3（config-if）#switchport trunk encapsulation dot1q

S-L3（config-if）#switchport mode trunk

3. 配置虚拟子接口,让总公司内部网络互通

在总公司内部,技术部和销售部两个部门需要三层通信,我们可以采取虚拟子接口的技术。在三层交换机 S-L3 的 vlan 10 和 vlan 20 打开虚拟子接口功能并配置 IP 地址,作为 vlan 10 和 vlan 20 的网关。

S-L3(config)#ip routing

S-L3(config)#int vlan 10;创建 vlan 10 的 SVI
% LINK-5-CHANGED:Interface vlan 10, changed state to up
% LINEPROTO-5-UPDOWN:Line protocol on Interface vlan 10, changed state to up
;出现以上两句提示,表示虚拟子接口 vlan 10 已经创建
S-L3(config-if)#ip address 192. 168. 10. 1 255. 255. 255. 0
;配置 vlan 10 这个虚拟子接口的 IP 地址
S-L3(config-if)#no shut
;打开 vlan 10 这个端口,由于默认已经打开,此命令可省略
S-L3(config-if)#exit

S-L3(config)#int vlan 20
S-L3(config-if)#
% LINK-5-CHANGED:Interface vlan 20, changed state to up

% LINEPROTO-5-UPDOWN:Line protocol on Interface vlan 20, changed state to up

S-L3(config-if)#ip add 192. 168. 20. 1 255. 255. 255. 0
S-L3(config-if)#no shut

以上步骤已经打开了 S-L3 的虚拟子接口,此三层交换机提供直连路由功能。我们用 show ip route 命令查看路由表,预期结果如下:

```
S-L3#show ip route
Codes: C - connected, S - static, I - IGRP, R - RIP, M - mobile, B - BGP
       D - EIGRP, EX - EIGRP external, O - OSPF, IA - OSPF inter area
       N1 - OSPF NSSA external type 1, N2 - OSPF NSSA external type 2
       E1 - OSPF external type 1, E2 - OSPF external type 2, E - EGP
       i - IS-IS, L1 - IS-IS level-1, L2 - IS-IS level-2, ia - IS-IS inter area
       * - candidate default, U - per-user static route, o - ODR
       P - periodic downloaded static route
Gateway of last resort is not set

C    192.168.10.0/24 is directly connected, Vlan10
C    192.168.20.0/24 is directly connected, Vlan20
```

步骤3 分公司网络配置

分公司的网络比较简单，仅有 192. 168. 30. 0/24 一个网段。我们在 S-Fengongsi 创建 vlan 30，配置接入的端口，并打开虚拟子接口功能，即可完成分公司网络配置。

设备名称	vlan 号码	端口范围
S-Fengongsi	30	1 ~ 20

```
Switch > enable
Switch#conf t
Enter configuration commands, one per line. End with CNTL/Z.
Switch(config)#host S-Fengongsi

S-Fengongsi(config)#vlan 30;创建 vlan 30
S-Fengongsi(config-vlan)#exit
S-Fengongsi(config)#int r f0/1-20;端口加入 vlan 30
S-Fengongsi(config-if-range)#sw ac vl 30
S-Fengongsi(config-if-range)#exit
S-Fengongsi(config)#ip routing;打开路由功能

S-Fengongsi(config)#int vlan 30;创建 vlan 30 的虚拟子接口
S-Fengongsi(config-if)#ip add 192. 168. 30. 1 255. 255. 255. 0
S-Fengongsi(config-if)#no shut
```

步骤4 在总公司和分公司之间配置静态路由

以上步骤把总公司内部和分公司内部的网络都分别配置完了。现在就面临我们最关键的步骤——把总公司和分公司的路由建立起来。

我们先把 S-L3 和 S-Fengongsi 的直连路由搭建起来，然后才可能建立跨过两台三层交换机的路由。

我们采用直接把端口升三层的方法，建立它们之间的直连路由。

```
S-L3(config)#int f0/24
S-L3(config-if)#no switchport
S-L3(config-if)#ip add 192. 168. 1. 1 255. 255. 255. 0
S-L3(config-if)#no shut
S-Fengongsi(config)#int f0/24
S-Fengongsi(config-if)#no switchport
```

S-Fengongsi(config-if)#ip add 192. 168. 1. 2 255. 255. 255. 0

S-Fengongsi(config-if)#no shut

no switchport 是本任务的新命令，可以把三层交换机的普通物理端口升级为具有三层功能的端口，可以为接入计算机提供网关。查看 S-L3 和 S-Fengongsi 的路由表，发现192. 168. 1. 0/24 网段已经出现在路由表中。

```
S-L3#show ip route
Codes: C - connected, S - static, I - IGRP, R - RIP, M - mobile, B - BGP
       D - EIGRP, EX - EIGRP external, O - OSPF, IA - OSPF inter area
       N1 - OSPF NSSA external type 1, N2 - OSPF NSSA external type 2
       E1 - OSPF external type 1, E2 - OSPF external type 2, E - EGP
       i - IS-IS, L1 - IS-IS level-1, L2 - IS-IS level-2, ia - IS-IS inter area
       * - candidate default, U - per-user static route, o - ODR
       P - periodic downloaded static route

Gateway of last resort is not set

C    192.168.1.0/24 is directly connected, FastEthernet0/24
C    192.168.10.0/24 is directly connected, Vlan10
C    192.168.20.0/24 is directly connected, Vlan20
```

```
S-Fengongsi#show ip route
Codes: C - connected, S - static, I - IGRP, R - RIP, M - mobile, B - BGP
       D - EIGRP, EX - EIGRP external, O - OSPF, IA - OSPF inter area
       N1 - OSPF NSSA external type 1, N2 - OSPF NSSA external type 2
       E1 - OSPF external type 1, E2 - OSPF external type 2, E - EGP
       i - IS-IS, L1 - IS-IS level-1, L2 - IS-IS level-2, ia - IS-IS inter area
       * - candidate default, U - per-user static route, o - ODR
       P - periodic downloaded static route

Gateway of last resort is not set

C    192.168.1.0/24 is directly connected, FastEthernet0/24
C    192.168.30.0/24 is directly connected, Vlan30
S-Fengongsi#
```

采取"步步为营"的策略，验证两台三层交换机之间已经可以直连。在 S-L3 的特权模式下采用 ping 命令，测试 S-L3 可以到达 S-Fengongsi 的直连端口。

```
S-L3#ping 192.168.1.2

Type escape sequence to abort.
Sending 5, 100-byte ICMP Echos to 192.168.1.2, timeout is 2 seconds:
!!!!!
Success rate is 100 percent (5/5), round-trip min/avg/max = 0/0/0 ms
```

在交换机和路由器命令模式下，ping 的结果常见为：

符号	解释
!	ping 成功到达目标并返回
.	超时
U	Unreachable，目标不可达

以上 ping 命令结果是五个"！"，说明 ping 了五次，每一次都成功到达目标并返回。

我们继续在 S-L3 尝试 ping 分公司的网络 192.168.30.1，观察此时能否到达分公司内部网络。结果为：

```
S-L3#ping 192.168.30.1

Type escape sequence to abort.
Sending 5, 100-byte ICMP Echos to 192.168.30.1, timeout is 2 seconds:
.....
Success rate is 0 percent (0/5)
```

五个"."说明此时总公司汇聚交换机并不能到达分公司内部网络，我们的目标还没有实现。如何才能把总公司和分公司的路由建立起来呢？我们先来回顾一下路由表的知识。

当数据通过三层设备，三层设备查看路由表，如果路由表存在目标网段的路由条目，就把数据交给此路由条目的下一跳；若不存在目标网段的路由条目，则交换机不知道数据应该交给谁，因此出现目标不可达或者超时的情况。

我们看看 S-L3 的路由表：

```
C    192.168.1.0/24 is directly connected, FastEthernet0/24
C    192.168.10.0/24 is directly connected, Vlan10
C    192.168.20.0/24 is directly connected, Vlan20
```

我们看到，目标网段 192.168.30.0/24 并不存在于路由表中，于是目标为 192.168.30.1 的数据并不能完成路由。

我们现在的任务是告诉 S-L3：如果目标地址为 192.168.30.0/24，那么就可以交给交换机 S-Fengongsi。使用的是以下命令：

S-L3(config)#ip route 192.168.30.0 255.255.255.0 192.168.1.2

同样道理，我们需要告诉 S-Fengongsi，如果目标地址为 192.168.10.0/24 和 192.168.20.0/24，那么就可以交给交换机 S-L3。使用的是以下命令：

S-Fengongsi(config)#ip route 192.168.10.0 255.255.255.0 192.168.1.1
S-Fengongsi(config)#ip route 192.168.20.0 255.255.255.0 192.168.1.1

ip route 是本任务的新命令，可以在三层设备中配置静态路由。格式如下：

ip route ［网络号］［子网掩码］［下一跳地址］

如果下一跳可以成功到达，那么 ip route 命令之后，路由表将会出现一条以"S"开头

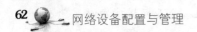

的静态路由，表示此目标网段已经可以到达。我们查看此时 S-L3 的路由表和 S-Fengongsi 的路由表：

```
S-L3#show ip route
Codes: C - connected, S - static, I - IGRP, R - RIP, M - mobile, B - BGP
       D - EIGRP, EX - EIGRP external, O - OSPF, IA - OSPF inter area
       N1 - OSPF NSSA external type 1, N2 - OSPF NSSA external type 2
       E1 - OSPF external type 1, E2 - OSPF external type 2, E - EGP
       i - IS-IS, L1 - IS-IS level-1, L2 - IS-IS level-2, ia - IS-IS inter area
       * - candidate default, U - per-user static route, o - ODR
       P - periodic downloaded static route

Gateway of last resort is not set

C    192.168.1.0/24 is directly connected, FastEthernet0/24
C    192.168.10.0/24 is directly connected, Vlan10
C    192.168.20.0/24 is directly connected, Vlan20
S    192.168.30.0/24 [1/0] via 192.168.1.2


S-Fengongsi#show ip route
Codes: C - connected, S - static, I - IGRP, R - RIP, M - mobile, B - BGP
       D - EIGRP, EX - EIGRP external, O - OSPF, IA - OSPF inter area
       N1 - OSPF NSSA external type 1, N2 - OSPF NSSA external type 2
       E1 - OSPF external type 1, E2 - OSPF external type 2, E - EGP
       i - IS-IS, L1 - IS-IS level-1, L2 - IS-IS level-2, ia - IS-IS inter area
       * - candidate default, U - per-user static route, o - ODR
       P - periodic downloaded static route

Gateway of last resort is not set

C    192.168.1.0/24 is directly connected, FastEthernet0/24
S    192.168.10.0/24 [1/0] via 192.168.1.1
S    192.168.20.0/24 [1/0] via 192.168.1.1
C    192.168.30.0/24 is directly connected, Vlan30
```

果然，S 条目已经出现，下一跳地址成功出现在路由条目中，我们可以进行总公司和分公司之间的通信测试了。

 ## 检测报告及故障排查

本任务需要验证总公司、分公司内部能够通信，而关键在于总公司能够到达分公司。

验证项目	验证步骤	预期验证结果	实际验证结果	结论
总公司内部通信	Xiaoshou1 ping Jishu2	通	通/不通	总公司和分公司内部
分公司内部通信	Jishu1 ping S-Fengongsi	通	通/不通	通信正常/不正常
总公司和分公司通信	Xiaoshou1 ping Fengongsi1 Jishu2 ping Fengongsi1	通	不通/通	总公司和分公司 正常/不正常

如果总公司内部或分公司内部通信不成功，那么可以按照以往任务的常见错误进行错误排查。

本任务的关键在于总公司和分公司的通信，也就是静态路由的设置。如果总公司和分公司通信失败，通常是由静态路由设置错误引起的，可以通过以下步骤排查。

（1）查看直连路由是否正常。所有的路由协议，都是建立在直连通畅的基础上的。我们可以在两台交换机中 ping 对方直连的 IP 地址，查看直连是否正常，若不正常，重点排查步骤 4 中 no switchport 的配置。

（2）通过 show ip route 命令查看路由表，看是否存在静态路由条目，下一跳地址是否正确。若不正确，重点排查步骤 4 中 ip route 的设置。

（3）若路由表正常，但是接入设备不通，通常是由接入设备的 IP 地址和网关设置不正常所导致的，可以重点排查。

命令小结

命令	说明
ip route［目标网段］［子网掩码］下一跳地址	配置静态路由

扩展练习

静态路由可以让管理员自行配置路由表。虽然比较烦琐，但是以后学习动态路由之后，还需要用静态路由的知识检查下一跳。在本扩展练习，我们来挑战一个较为复杂的网络，以加强我们对静态路由的理解。网络拓扑图如图 5－2 所示：

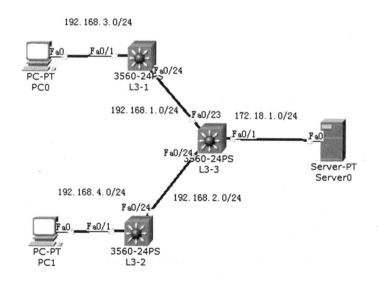

图 5－2　静态路由扩展任务

配置静态路由之前，需要首先保证基础网络正常以及直连路由正常。基础配置以及直连路由配置参考命令如下：

L3-1：
host L3-1
int f0/1
no sw
ip add 192.168.3.1 255.255.255.0
int f0/24
no sw
ip add 192.168.1.1 255.255.255.0

L3-2：
host L3-2
int f0/1
no sw
ip add 192.168.4.1 255.255.255.0
int f0/24
no sw
ip add 192.168.2.1 255.255.255.0

L3-3：
host L3-3
int f0/23
no sw
ip add 192.168.1.2 255.255.255.0
int f0/24
no sw
ip add 192.168.2.2 255.255.255.0
int f0/1
no sw
ip add 172.18.1.1 255.255.255.0

配置静态路由的关键在于确认目标网段的下一跳，下列表格可以让读者理解下一跳的判断。我们把每个设备中除了直连路由之外所有需要到达的网段写下来，并判断下一跳。

设备	目标网段	下一跳	命令
L3-1	192.168.4.0/24	192.168.1.2 （L3-3 的 f0/23）	ip route 192.168.4.0 255.255.255.0 192.168.1.2

（续上表）

设备	目标网段	下一跳	命令
L3-1	192. 168. 2. 0/24	192. 168. 1. 2 （L3-3 的 f0/23）	ip route 192. 168. 2. 0 255. 255. 255. 0 192. 168. 1. 2
	172. 18. 1. 0/24	192. 168. 1. 2 （L3-3 的 f0/23）	ip route 172. 18. 1. 0 255. 255. 255. 0 192. 168. 1. 2
L3-2	192. 168. 3. 0/24	192. 168. 2. 2 （L3-3 的 f0/24）	ip route 192. 168. 3. 0 255. 255. 255. 0 192. 168. 2. 2
	192. 168. 1. 0/24	192. 168. 2. 2 （L3-3 的 f0/24）	ip route 192. 168. 1. 0 255. 255. 255. 0 192. 168. 2. 2
	172. 18. 1. 0/24	192. 168. 2. 2 （L3-3 的 f0/24）	ip route 172. 18. 1. 0 255. 255. 255. 0 192. 168. 2. 2
L3-3	192. 168. 3. 0/24	192. 168. 1. 1 （L3-1 的 f0/24）	ip route 192. 168. 3. 0 255. 255. 255. 0 192. 168. 1. 1
	192. 168. 4. 0/24	192. 168. 2. 1 （L3-2 的 f0/24）	ip route 192. 168. 4. 0 255. 255. 255. 0 192. 168. 2. 1

确定目标网段和下一跳之后，就可以进行配置，参考代码如下：

L3-1：
```
ip routing
ip route 192. 168. 4. 0 255. 255. 255. 0 192. 168. 1. 2
ip route 192. 168. 2. 0 255. 255. 255. 0 192. 168. 1. 2
ip route 172. 18. 1. 0 255. 255. 255. 0 192. 168. 1. 2
```

L3-2：
```
ip routing
ip route 192. 168. 3. 0 255. 255. 255. 0 192. 168. 2. 2
ip route 192. 168. 1. 0 255. 255. 255. 0 192. 168. 2. 2
ip route 172. 18. 1. 0 255. 255. 255. 0 192. 168. 2. 2
```

L3-3：
```
ip routing
ip route 192. 168. 3. 0 255. 255. 255. 0 192. 168. 1. 1
ip route 192. 168. 4. 0 255. 255. 255. 0 192. 168. 2. 1
```

读者可以发现，其实网络设备的配置，难点不在命令，而在于理解。理解了下一跳的判断后，编写命令就是很容易的事了。

当然，除了编写命令之外，读者还需要设计检测方案，可以参考"检测报告与故障排查"部分。

项目六　提高企业网性能

任务描述

小 A 搭建企业网的经验日渐丰富了，可以搭建最基本的企业网，满足企业内部网络的连通性。但是，有客户反映，在使用过程中，总是遇到各种问题，影响了网络稳定性，维护网络花去了小 A 不少的时间和精力。小 A 决定想办法提高网络稳定性。

冗余是一个很好的办法，也就是在网络正常的情况下也提供多条链路备用，这些链路要随时准备着，一旦原有的链路发生各种故障，就自动启用备用链路，这样网络的稳定性就提高了。

在底层网络，链路聚合和生成树是提高稳定性的常用技术。小 A 发现，这两项技术不会额外提高成本，是很理想的稳定性技术。

于是，小 A 需要通过这两个技术来提高网络稳定性。

任务一　通过链路聚合提高链路稳定性

设备清单

小 A 考虑到在本任务中，隶属于同一部门的用户分散在同一座建筑物中的不同楼层中，因此需要两台二层交换机，一台作为一楼用户的接入交换机，另一台作为二楼用户的接入交换机。同时由于同一 vlan 的用户需要互相访问，两台交换机之间需要互连起来。但为了提高网络带宽，可以采用升级光纤等方法组成干线，但是增添设备将会增加费用。我们可以采取最为经济的办法，采用聚合链路技术，不需要增加任何硬件设备，即可提高网络带宽，而且能提高稳定性。因此，本任务需要两台二层交换机。

技术分析

本任务是在底层网络基础上提高稳定性。底层网络原有的技术，如 vlan、干线技术都不需要发生变化，这些都是已经掌握的技术。

干线的稳定性需要提高，我们把干线配置成链路聚合，因此本次任务的新知识和技能是：

（1）交换机的 vlan 配置。

（2）交换机之间干线的配置。

（3）理解链路聚合的作用。

（4）掌握在交换机上配置链路聚合。

 **总体步骤**

（1）网络拓扑设计，IP 地址设计。
（2）配置交换机的 vlan。
（3）创建链路聚合。
（4）把连接两台交换机的连线配置为干线。

 实施步骤

步骤1 网络拓扑设计，IP 地址设计

本任务的基本思想是将两台接入交换机的 f0/23 和 f0/24 捆绑在一起组成一条逻辑链路，既增加了带宽，解决交换网络中因带宽引起的网络瓶颈问题，也在这条物理链路互相冗余备份。若其中一条链路断开，不会影响其他链路正常转发数据，这项技术就是聚合链路技术。拓扑设计见下图：

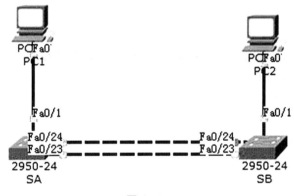

图 6-1

本任务重点在于尝试聚合链路的功能，因此不设计过多的 vlan 和 PC，仅用两台同属 vlan 10 的 PC 即可。详细地址分配如下表：

表 6-1

部门	vlan	网段	设备	IP
技术部	10	192. 168. 10. 0 255. 255. 255. 0	PC1	192. 168. 10. 101/24
			PC2	192. 168. 10. 102/24

步骤2　配置交换机的 vlan

小 A 已经很熟悉 vlan 的配置，因此不作详细介绍，以下是在交换机 SA 上创建 vlan 10，并把 f0/1 放进 vlan 10：

```
Switch > ena
Switch#conf t
Enter configuration commands, one per line. End with CNTL/Z.
Switch(config)#host SA
SA(config)#vlan 10
SA(config-vlan)#exit
SA(config)#int f0/1
SA(config-if)#sw ac vl 10
SA(config-if)#ex
```

以下是在交换机 SB 上创建 vlan 10，并把 f0/1 放进 vlan 10：

```
Switch > ena
Switch#conf t
Enter configuration commands, one per line. End with CNTL/Z.
Switch(config)#host SB
SB(config)#vlan 10
SB(config-vlan)#ex
SB(config)#int f0/1
SB(config-if)#sw ac vl 10
SB(config-if)#ex
```

配置 vlan 后，请自行用 show vlan 检查端口是否正确放到 vlan 10 。

步骤3　创建链路聚合

PC1 和 PC2 要进行通信，需要通过两台交换机之间的链路，在实际环境中，可能有几十到几百台接入设备需要通过交换机之间的链路，以往采用一个端口连接的方式容易产生下面两个问题：

（1）带宽问题：大量数据堵塞在一条单独链路，产生瓶颈。

（2）稳定性问题：该单一链路上有大量数据通过，一旦发生问题，比如物理连接中断，那么大量的接入设备将会受到影响。

因此，对于带宽要求高的重要的链路，经常采用链路聚合技术，把两个或者多个端口捆绑聚合在一起形成一条逻辑链路，既可以增加带宽，也可以提供冗余。如本任务中的 f0/23 和 f0/24，运用聚合链路技术形成一条逻辑链路 port-group 1。参考命令如下：

SA（config）#int range f0/23-24；同时进入要捆绑的端口 f0/23 和 f0/24
SA（config-if-range）#channel-group 1 mode on ；启动链路聚合功能
Creating a port-channel interface Port-channel 1；提示信息，表示成功创建一个聚合链路 port-channel 1

用同样的方法，在 SB 上把 f0/23 和 f0/24 形成聚合链路 port-group 1，参考命令如下：

SB（config）#int range f0/23-24；同时进入要捆绑的端口 f0/23 和 f0/24
SB（config-if-range）#channel-group 1 mode on ；启动链路聚合功能
Creating a port-channel interface Port-channel 1

channel-group 1 mode on 是本任务的新命令，格式如下：

channel-group［链路聚合号码］mode［on | active | pass］

我们只采用常见的 on 模式，on 表示链路聚合已经打开，这也是最简单的模式。
可以用命令 show etherchannel summary 查看链路聚合组的信息，预期结果如下：

```
SB#show etherchannel summary
Flags:  D - down        P - in port-channel
        I - stand-alone s - suspended
        H - Hot-standby (LACP only)
        R - Layer3      S - Layer2
        U - in use      f - failed to allocate aggregator
        u - unsuitable for bundling
        w - waiting to be aggregated
        d - default port


Number of channel-groups in use: 1
Number of aggregators:           1

Group  Port-channel  Protocol    Ports
------+-------------+-----------+---------------------------------------------

1      Po1(SU)          -        Fa0/23(P) Fa0/24(P)
SB#
```

可以在结果中看到，f0/23 和 f0/24 共同组合了 Po1。
也可以用大家熟悉的 show vlan 更加直观地查看链路聚合。

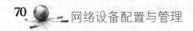

```
SB#show vlan

VLAN Name                             Status    Ports
---- -------------------------------- --------- -------------------------------
1    default                          active    Fa0/2, Fa0/3, Fa0/4, Fa0/5
                                                Fa0/6, Fa0/7, Fa0/8, Fa0/9
                                                Fa0/10, Fa0/11, Fa0/12, Fa0/13
                                                Fa0/14, Fa0/15, Fa0/16, Fa0/17
                                                Fa0/18, Fa0/19, Fa0/20, Fa0/21
                                                Fa0/22, Fa0/23, Fa0/24, Po1
10   VLAN0010                         active    Fa0/1
```

从 vlan 表中发现了一个新的端口 Po1，它就是 f0/23 和 f0/24 共同组合起来的聚合端口。

步骤 4　把连接两台交换机的连线配置为干线

根据以往的知识，我们知道交换机之间若要通过多个 vlan 的数据就需要配置为干线 trunk 模式，同样，在本任务中，交换机之间的这条新创建的 port-channel 1，也要配置为干线，以往的命令同样适用。

SA（config）#int port-channel 1
SA（config-if）#switchport mode trunk

SB（config）#int port-channel 1
SB（config-if）#switchport mode trunk

接下来就可以进行测试了，本次测试和以往不一样，不但要测试连通性，还要模拟链路故障，测试稳定性。

 技术要点

链路聚合（Link Aggregation），是指将多个物理端口捆绑在一起，成为一个逻辑端口，以实现出/入流量在各成员端口中的负荷分担，交换机根据用户配置的端口负荷分担策略决定报文从哪一个成员端口发送到对端的交换机。当交换机检测到其中一个成员端口的链路发生故障时，就停止在此端口上发送报文，并根据负荷分担策略在剩下链路中重新计算报文发送的端口，故障端口恢复后重新计算报文发送端口。链路聚合在增加链路带宽、实现链路传输弹性和冗余等方面是一项很重要的技术。

 检测报告及故障排查

本任务的检测过程与以往不一样，不但要测试连通性，还要模拟链路故障，测试稳定性。

1. 连通性测试

验证项目	验证步骤	预期验证结果	实际验证结果	结论
连通性	PC1 ping PC2	通	不通/通	同部门通信正常/不正常

2. 稳定性测试

正常情况下，链路聚合中每一条链路都会通过数据，假如其中一条发生故障，比如线断了，那么全部数据都会自动切换到正常的一条链路通过，从而继续保持网络通畅。在Cisco Packet Tracer 模拟器中，可以采用拔线的方式模拟链路故障。

默认情况下，ping 命令会发出 4 个数据包。在检测稳定性的时候，我们希望 ping 可以不断执行，发出无限个数据包。这个时候模拟链路发生故障，以观察稳定性结果。我们可以在 ping 命令中加入-t 参数来 ping 出无限个包。当我们完成稳定性测试，采用 Ctrl + C 来终止 ping 命令。

PC > ping -t 192. 168. 10. 102

当 ping 正在进行的时候，用 Delete 工具，把 f0/24 删除，观察 ping 的结果。

```
PC>ping  -t 192.168.10.102

Pinging 192.168.10.102 with 32 bytes of data:

Reply from 192.168.10.102: bytes=32 time=0ms TTL=128
Reply from 192.168.10.102: bytes=32 time=0ms TTL=128
Reply from 192.168.10.102: bytes=32 time=0ms TTL=128
Reply from 192.168.10.102: bytes=32 time=0ms TTL=128
Reply from 192.168.10.102: bytes=32 time=0ms TTL=128
Reply from 192.168.10.102: bytes=32 time=0ms TTL=128
Reply from 192.168.10.102: bytes=32 time=0ms TTL=128
Reply from 192.168.10.102: bytes=32 time=0ms TTL=128
Reply from 192.168.10.102: bytes=32 time=0ms TTL=128
Reply from 192.168.10.102: bytes=32 time=0ms TTL=128
Reply from 192.168.10.102: bytes=32 time=0ms TTL=128
Request timed out.
Request timed out.
Request timed out.
Request timed out.
Request timed out.
Reply from 192.168.10.102: bytes=32 time=0ms TTL=128
Reply from 192.168.10.102: bytes=32 time=0ms TTL=128
Reply from 192.168.10.102: bytes=32 time=0ms TTL=128
```

通过结果我们看到，在 f0/24 断掉的时候，出现了中断，但是在约 20 秒之后，网络自动恢复连通，说明聚合链路在起作用。用同样方法删除 f0/23，出现类似结果。在各种品牌各种厂商的交换机中，中断时间各有不同。

如果在链路聚合配置中出现不正常的情况，则可以从以下方面重点排查：

（1）构成链路聚合的物理端口必须具有相同的配置，包括：①相同的速率和双工模式；②相同的模式（都是 access 模式或 trunk 模式）；③如果都是 access 模式，那么两台设备所有链路的 vlan 号必须匹配。

若聚合链路聚合失败，则可以检查各端口的以上属性。

（2）组成聚合链路之后，可以把新建立的 port-channel 理解为一个新的逻辑端口，这个逻辑端口的模式（access 模式还是 trunk 模式）的确定方法，跟普通物理端口相同。

命令小结

命令	说明
int range f0/x-y channel-group 链路聚合组号 mode on	把端口 f0/x 到 f0/y 配置为链路聚合组

扩展练习

链路聚合不会影响网络基本拓扑，只会在原有网络上增加带宽与稳定性。在本扩展练习中，我们尝试结合三层交换机的虚拟子接口功能，也尝试采用三个端口组成链路聚合组。如图 6 – 2 所示，SA 和 SB 的 f0/23 和 f0/24 组成一组链路聚合，SA 的 f0/20-22 和 SL3 的 f0/22-24 组成另一组链路聚合。当一台交换机有多个链路聚合组时，只需要为这些链路聚合组设置不同编号即可。

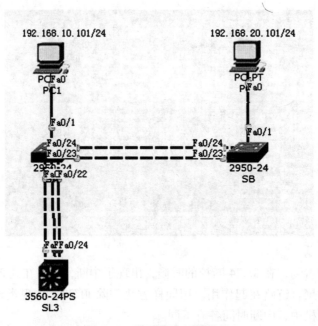

图 6 – 2 链路聚合扩展任务

参考代码：

SA：
vlan 10
vlan 20
int f0/1
sw ac vl 10

int r f0/23-24
channel-group 1 mo on

int r f0/20-22
channel-group 2 mo on

int po 1
sw mo tr

int po 2
sw mo tr

SB：
vlan 10
vlan 20
int f0/1
sw ac vl 20

int r f0/23-24
channel-group 1 mo on

int po 1
sw mo tr

SL3：
ip routing
vlan 10
vlan 20
int r f0/22-24
channel-group 1 mo on；链路聚合组编号只具有本地意义，不一定和对端编号相同

```
int po 1
sw trunk encapsulation dot1q
sw mo tr

int vlan 10
ip add 192.168.10.1 255.255.255.0
int vlan 20
ip add 192.168.20.1 255.255.255.0
```

任务二   通过生成树协议增加网络稳定性

 设备清单

生成树协议与链路聚合技术都是提高交换网络稳定性的方法。链路聚合解决带宽不足的问题和冗余问题，而生成树协议解决冗余链路中产生环路的问题。生成树协议帮助我们在网络中引入冗余链路，不需要增添网络设备。因此，本任务在原有交换网络中完成，需要一台三层设备以及两台二层设备。

 技术分析

任务一通过链路聚合实现了链路的冗余，我们还可以采用生成树技术实现冗余，同时可以避免网络产生环路。本任务是在项目四任务二的基础上完成的，因此旧知识和技术包括：

（1）vlan 的配置。

（2）干线的配置。

（3）虚拟子接口的配置。

本任务仅需要在原有任务中的拓扑上添加一条网线，开启生成树，即可避免网络产生环路且增加了稳定性，因此，本任务的新知识和技术包括：

（1）在交换机上配置干线。

（2）理解生成树的作用。

（3）掌握生成树的基本配置方法。

（4）掌握生成树优先级的配置方法。

（5）掌握验证生成树提高了稳定性的方法。

总体步骤

（1）网络拓扑设计，IP 地址设计。
（2）配置 vlan 和干线。
（3）配置虚拟子接口。
（4）开启生成树。
（5）配置优先级以控制树根。

实施步骤

步骤 1　网络拓扑设计，IP 地址设计

本任务旨在提高项目四任务二中企业网的稳定性。所以整个网络拓扑设计和 IP 地址设计是建立在该任务的基础上的。仅需要在原图两台接入交换机 S-Floor1 和 S-Floor2 中连接 f0/23 端口，即可完成拓扑设计。

拓扑图设计如下：

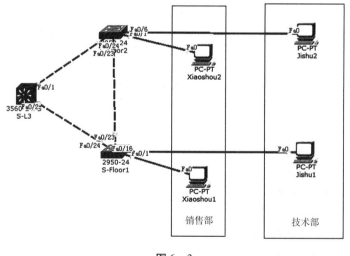

图 6 - 3

IP 地址请参考项目四的任务二，各 IP 地址不需要作任何修改。小 A 可以在不更改接入设备的情况下，完成生成树的设置。

步骤 2　配置 vlan 和干线

我们继续采用"分解"的思想，但是之前我们分解的是拓扑，比如先完成总公司再完成分公司。但是这次我们分解的是技术，我们把技术分解为已经掌握的 vlan、干线、虚拟

子接口配置，这些配置与以往任务没有任何区别，其余部分则是生成树配置。

首先，各台交换机创建 vlan 并把端口划分到 vlan 中。

```
Switch >
Switch > ena
Switch#conf t
Enter configuration commands, one per line. End with CNTL/Z.
Switch(config)#host Floor1
Floor1(config)#vlan 10
Floor1(config-vlan)#ex
Floor1(config)#vlan 20
Floor1(config-vlan)#ex
Floor1(config)#int r f0/1-15
Floor1(config-if-range)#switchport access vlan 10
Floor1(config-if-range)#exit
Floor1(config)#int r f0/16-20
Floor1(config-if-range)#switchport access vlan 20
Floor1(config-if-range)#exit


Switch >
Switch > ena
Switch#conf t
Enter configuration commands, one per line. End with CNTL/Z.
Switch(config)#host Floor2
Floor2(config)#vlan 10
Floor2(config-vlan)#exit
Floor2(config)#vlan 20
Floor2(config-vlan)#exit
Floor2(config)#int r f0/1-5
Floor2(config-if-range)#sw ac vl 10
Floor2(config-if-range)#ex
Floor2(config)#int r f0/16-20
Floor2(config-if-range)#sw ac vl 20
Floor2(config-if-range)#ex


Switch >
Switch > enable
Switch#conf t
Enter configuration commands, one per line. End with CNTL/Z.
```

Switch(config)#host S-L3

S-L3(config)#vlan 10

S-L3(config-vlan)#exit

S-L3(config)#vlan 20

S-L3(config-vlan)#exit

接着，把三台交换机之间的链路配置为干线。

Floor1(config)#int range f0/23-24

Floor1(config-if)#switchport mode trunk

Floor2(config)#int range f0/23-24

Floor2(config-if)#switchport mode trunk

S-L3(config)#int range f0/1-2

S-L3(config-if)#switchport trunk encapsulation dot1q

S-L3(config-if)#switchport mode trunk

步骤3　配置虚拟子接口

以上步骤成功地把各部门隔离到独自的 vlan 中，但是部门之间不能通信，配置虚拟子接口 SVI（Switch Virtual Interface）方可在三层交换机中实现路由功能。

首先，通过 ip routing 命令打开三层交换机的路由功能。

S-L3 (config) #ip routing

打开路由功能后，配置虚拟子接口 SVI。

S-L3(config)#int vlan 10

S-L3(config-if)#ip address 192.168.10.1 255.255.255.0

S-L3(config-if)#no shut

S-L3(config-if)#exit

S-L3(config)#int vlan 20

S-L3(config-if)#ip add 192.168.20.1 255.255.255.0

S-L3(config-if)#no shut

打开虚拟子接口之后，企业网内部各设备预期能够互通，我们采用"步步为营"的思想，验证内网是否互通。若成功，则继续以下步骤；若不能互通，则可查看项目四任务二的常见错误进行排查。

步骤4　开启生成树

在本拓扑中，三台交换机组成一个密闭的三角形，在提供冗余的同时，链路数据有可能进入无限循环，这叫做广播风暴。我们希望通过冗余产生稳定性的同时避免广播风暴，这就需要运用生成树技术。

在 Cisco Packet Tracer 模拟器中，生成树默认是开启的，我们只需要设置生成树的类型。在其他品牌或型号中，需要用 spanning-tree 命令打开生成树。

S-Floor1(config)#spanning-tree mode pvst；开启生成树并把生成树类型设置为 pvst
S-Floor2(config)#spanning-tree mode pvst
S-L3(config)#spanning-tree mode pvst

设置生成树类型是本次任务的新命令，格式如下：

spanning-tree mode［pvst｜rapid-pvst］

Cisco Packet Tracer 模拟器提供两种生成树类型。pvst 为每个 vlan 产生一棵生成树，而 rapid-pvst 是快速生成树，比 pvst 在收敛速度上有很大的提升。

需要提醒的是，生成树协议工作于网络层的第二层，也就是二层交换机和三层交换机都需要进行配置。

我们使用以下命令查看各台交换机的生成树是否成功开启：

show spanning-tree

生成树的结果需要结合各台交换机来看。show spanning-tree 的结果比较长，这里仅重点观察 vlan 10 对应生成树的结果，其余 vlan 对应的生成树请读者自行分析。

S-Floor1 的结果如下：

```
VLAN0010
  Spanning tree enabled protocol ieee
  Root ID    Priority    32778
             Address     0001.6322.00E8
             This bridge is the root
             Hello Time  2 sec  Max Age 20 sec  Forward Delay 15 sec

  Bridge ID  Priority    32778   (priority 32768 sys-id-ext 10)
             Address     0001.6322.00E8
             Hello Time  2 sec  Max Age 20 sec  Forward Delay 15 sec
             Aging Time  20

Interface        Role Sts Cost      Prio.Nbr Type
---------------- ---- --- ---------  -------- --------------------------------
Fa0/1            Desg FWD 19         128.1    P2p
Fa0/23           Desg FWD 19         128.23   P2p
Fa0/24           Desg FWD 19         128.24   P2p
```

我们可以发现在 Root ID 下面，有"This bridge is the root"字样，这说明 S-Floor1 成了 vlan 10 生成树的树根。我们再看看其余交换机。

S-Floor2 的结果如下：

```
VLAN0010
  Spanning tree enabled protocol ieee
  Root ID    Priority    32778
             Address     0001.6322.00E8
             Cost        19
             Port        23(FastEthernet0/23)
             Hello Time  2 sec  Max Age 20 sec  Forward Delay 15 sec

  Bridge ID  Priority    32778   (priority 32768 sys-id-ext 10)
             Address     0030.F25C.A4C7
             Hello Time  2 sec  Max Age 20 sec  Forward Delay 15 sec
             Aging Time  20

Interface         Role Sts Cost      Prio.Nbr Type
----------------  ---- --- --------- -------- ----------------------------
Fa0/1             Desg FWD 19        128.1    P2p
Fa0/23            Root FWD 19        128.23   P2p
Fa0/24            Desg FWD 19        128.24   P2p
```

再看 S-L3 的结果：

```
VLAN0010
  Spanning tree enabled protocol ieee
  Root ID    Priority    32778
             Address     0001.6322.00E8
             Cost        19
             Port        2(FastEthernet0/2)
             Hello Time  2 sec  Max Age 20 sec  Forward Delay 15 sec

  Bridge ID  Priority    32778   (priority 32768 sys-id-ext 10)
             Address     0060.2FA0.B499
             Hello Time  2 sec  Max Age 20 sec  Forward Delay 15 sec
             Aging Time  20

Interface         Role Sts Cost      Prio.Nbr Type
----------------  ---- --- --------- -------- ----------------------------
Fa0/1             Altn BLK 19        128.1    P2p
Fa0/2             Root FWD 19        128.2    P2p
```

在 S-Floor2 和 S-L3 中，Root ID 下面找不到"This bridge is the root"，说明它们都不是树根，它们的树根在 S-Floor1 上。由于一棵生成树只有一个树根，树根的唯一性说明了此生成树是正常的。

步骤5　配置优先级以控制树根

树根负责维护整棵生成树，它是生成树中最重要的一个节点。从稳定性的角度来考虑，希望树根尽量少地产生变化，因此管理员首先指定一台性能最好的交换机作为树根，性能次好的作为次树根。本任务中 S-L3 是唯一一台三层交换机，三层交换机的性能一般优于二层交换机，所以管理员可通过以下命令设置 S-L3，作为 vlan 10 生成树的树根：

S-L3（config）#spanning-tree vlan 10 root primary

而把次树根分配给 S-Floor1，可以通过以下命令：

S-Floor1（config）#spanning-tree vlan 10 root secondary

我们再次通过 show spanning-tree 命令查看三台交换机的生成树状态，S-Floor1 的结果如下：

```
VLAN0010
  Spanning tree enabled protocol ieee
  Root ID    Priority    24586
             Address     0060.2FA0.B499
             Cost        19
             Port        24(FastEthernet0/24)
             Hello Time  2 sec  Max Age 20 sec  Forward Delay 15 sec

  Bridge ID  Priority    28682   (priority 28672 sys-id-ext 10)
             Address     0001.6322.00E8
             Hello Time  2 sec  Max Age 20 sec  Forward Delay 15 sec
             Aging Time  20

Interface        Role Sts Cost      Prio.Nbr Type
---------------- ---- --- --------- -------- --------------------------------
Fa0/1            Desg FWD 19        128.1    P2p
Fa0/23           Desg FWD 19        128.23   P2p
Fa0/24           Root FWD 19        128.24   P2p
```

我们不能在 S-Floor1 中找到"This bridge is the root"，说明树根已经发生了变化。树根究竟在哪里呢？我们继续寻找。以下是 S-Floor2 的结果：

```
VLAN0010
  Spanning tree enabled protocol ieee
  Root ID    Priority    24586
             Address     0060.2FA0.B499
             Cost        19
             Port        24(FastEthernet0/24)
             Hello Time  2 sec  Max Age 20 sec  Forward Delay 15 sec

  Bridge ID  Priority    32778   (priority 32768 sys-id-ext 10)
             Address     0030.F25C.A4C7
             Hello Time  2 sec  Max Age 20 sec  Forward Delay 15 sec
             Aging Time  20

Interface        Role Sts Cost      Prio.Nbr Type
---------------- ---- --- --------- -------- --------------------------------
Fa0/1            Desg FWD 19        128.1    P2p
Fa0/23           Altn BLK 19        128.23   P2p
Fa0/24           Root FWD 19        128.24   P2p
```

在 S-Floor2 也找不到"This bridge is the root"，说明 S-Floor2 也不是树根。继续查看 S-L3 的结果：

```
VLAN0010
  Spanning tree enabled protocol ieee
  Root ID    Priority    24586
             Address     0060.2FA0.B499
             This bridge is the root
             Hello Time  2 sec  Max Age 20 sec  Forward Delay 15 sec

  Bridge ID  Priority    24586  (priority 24576 sys-id-ext 10)
             Address     0060.2FA0.B499
             Hello Time  2 sec  Max Age 20 sec  Forward Delay 15 sec
             Aging Time  20

Interface        Role Sts Cost     Prio.Nbr Type
---------------- ---- --- -------- -------- --------------------------------
Fa0/1            Desg FWD 19        128.1    P2p
Fa0/2            Desg FWD 19        128.2    P2p
```

我们在 S-L3 找到了树根，说明我们已经成功设置了 S-L3 为树根。

接下来就可以进行测试了，本测试和任务一一样，不但要测试连通性，还要模拟链路故障，测试稳定性。

 技术要点

生成树协议拓扑结构的思想是：不论交换机之间采用怎样的物理连接，交换机都能够自动发现一个没有环路的拓扑结构的网络，这个逻辑拓扑结构的网络必须是树型的。如本任务中，S-L3、S-Floor1、S-Floor2 三台交换机之间的三条链路产生了环路，开启生成树之前，数据在三个交换机之间循环传输，形成广播风暴，严重影响交换机性能。开启生成树之后，生成树经过计算，逻辑上断开了 S-Floor1 和 S-Floor2 之间的链路，数据暂时无法从这条链路通过，那么这个无环路的结构，就保证了三台交换机的连通性，同时不会产生广播风暴。

当网络结构发生变化时，交换机将进行生成树拓扑的重新计算。如本任务中，假如 S-L3 与 S-Floor1 之间的链路发生故障，那么生成树会自动重新打开 S-Floor1 与 S-Floor2 之间的链路，S-Floor2 的数据依然可以通过 S-Floor1 转发给 S-L3，保证了 S-Floor2 到 S-L3 之间的连通性。

 检测报告及故障排查

本任务的检测过程与任务一一样，不但要测试连通性，还要模拟链路故障，测试稳定性。

1. 连通性测试

验证项目	验证步骤	预期验证结果	实际验证结果	结论
连通性	Xiaoshou1 ping Jishu2	通	不通/通	同部门通信正常/不正常
	Xiaoshou1 ping 192.168.10.1	通	不通/通	同部门通信正常/不正常

2. 稳定性

正常情况下，生成树自动断开部分链路以避免广播风暴。假如其中一条发生故障，比如线断了，那么原本断开的链路将会重新打开，保证了连通性。在 Cisco Packet Tracer 模拟器中，可以采用拔线的方式模拟链路故障。

我们要保证接入 PC 能够成功到达三层交换机中的网关。先选用 Xiaoshou1 中在 ping 命令中加入-t 参数来 ping 出无限个数据包。当我们完成稳定性测试时，采用 Ctrl + C 来终止 ping 命令。

PC > ping   -t 192. 168. 10. 1

当 ping 正在进行的时候，用 Delete 工具，把 S-Floor1 和 S-L3 之间的连线删除。观察 ping 的结果。

```
PC>ping -t 192.168.10.1

Pinging 192.168.10.1 with 32 bytes of data:

Reply from 192.168.10.1: bytes=32 time=0ms TTL=255
Reply from 192.168.10.1: bytes=32 time=0ms TTL=255
Reply from 192.168.10.1: bytes=32 time=16ms TTL=255
Reply from 192.168.10.1: bytes=32 time=0ms TTL=255
Request timed out.
Request timed out.
Request timed out.
Request timed out.
Request timed out.
Request timed out.
Request timed out.
Request timed out.
Reply from 192.168.10.1: bytes=32 time=0ms TTL=255
Reply from 192.168.10.1: bytes=32 time=0ms TTL=255
```

通过结果我们可以看出，在 S-Floor1 和 S-L3 之间的连线被删除，出现了中断，但是在约一分钟之后，网络自动恢复连通，这说明生成树起了作用，重新选用了剩余的两条链路，成功到达了目标交换。在重新连接 S-Floor1 和 S-L3 之间的连线后，断掉三条链路中任意一条，都有类似的结果。在各种品牌各种厂商的交换机中，中断时间各有不同。读者也可以尝试设置生成树类型为 rapid-pvst，收敛速度将会提高。

生成树产生错误一般有两类，这两类错误可以用不同的方法进行排查。

（1）生成树不唯一。每一棵生成树只能有一个树根，若在设置生成树之后发现了不止一个树根，则可以判断为生成树产生失败。这类错误通常是由交换机之间的链路不通畅导致的。链路不通畅导致某个交换机被独立地隔离了，每一个被独立的部分选取了一个独立的树根。我们可以回到干线等步骤检查各台交换机之间的链路是否通畅。

（2）树根设置失败。如果 show spanning-tree 结果说明树根唯一，但是如果树根不是想要的结果，则可以回到步骤 5 进行排查。

命令小结

命令	说明
spanning-tree mode pvst	开启生成树并把生成树类型设置为pvst
show spanning-tree	查看生成树状态
spanning-tree vlan X root primary	设置该交换机为vlan X的生成树的主根
spanning-tree vlan X root secondary	设置该交换机为vlan X的生成树的次根

扩展练习

生成树与链路聚合其实可以结合使用。本扩展练习尝试结合两者，拓扑图见图6-4。由于网络中接入层与汇聚层之间经常出现带宽瓶颈，如图中S-Floor1 与 S-L3 之间，S-Floor2 与 S-L3 之间，因此常用链路聚合。但是链路聚合并不能解决冗余带来的广播风暴问题，于是需要同时开启生成树。

读者可以自行尝试，先参考任务一完成链路聚合，再参考任务二开启生成树，设置树根即可。生成树与链路聚合的配置互不干扰。

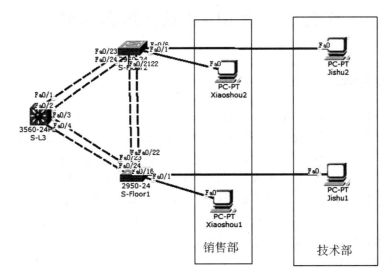

图6-4 链路聚合与生成树综合运用

需要说明的是，S-L3 的 f0/1-2 与 S-Floor2 的 f0/23-24 组成链路聚合组，S-L3 的 f0/3-4 与 S-Floor1 的 f0/23-24 组成链路聚合组，S-Floor1 的 f0/21-22 和 S-Floor2 的 f0/21-22 组成链路聚合组。

项目七　使用动态路由协议搭建园区网

任务描述

小 A 搭建企业网的经验日渐丰富了，可以搭建最基本的企业网，满足企业内部网络的连通性和稳定性。这次小 A 尝试搭建园区网，园区网络规模要比企业网大，小 A 希望用更加便捷的技术去搭建园区网。

首先考虑路由协议。之前的任务采用的是静态路由协议。采用手工配置的方式来给三层设备配置路由，此方法给管理人员带来很大的工作负担。在园区网中，小 A 需要采用智能化的技术来配置路由。

而动态路由是三层设备自动建立自己的路由表，并且能够根据实际情况的变化来适时地进行调整。管理员只需要配置基本信息，设备就可以自行学习到路由表中。

动态路由广泛运用到企业网、园区网，是最基本的网络知识和技能。且动态路由在企业网和园区网中运用得最多的是 RIP 协议和 OSPF 协议。本项目分为两个任务，分别完成 RIP 协议和 OSPF 协议。

任务一　用 RIP 协议搭建园区网

设备清单

本任务需要构建园区网中的核心层和汇聚层。核心层是网络主干部分，主要目的在于通过高速转发通信，提供优化、可靠的骨干传输结构，因此核心层交换机应拥有更高的可靠性、性能和吞吐量。核心层需要一台性能较高的三层交换机来实现。

汇聚层是楼群或小区的信息汇聚点，是连接接入层和核心层的网络设备，汇聚层设备一般采用可管理的三层交换机或堆叠式交换机以达到带宽和传输性能的要求。其设备性能较好，但价格高于接入层设备，而且对环境的要求也较高。汇聚层设备之间以及汇聚层设备与核心层设备之间多采用光纤互联，以提高系统的传输性能和吞吐量。在本任务中，用两台三层交换机来实现。

因此，本任务共需要三台三层交换机。

技术分析

本任务中的园区网中具有多个网段，通过三层设备进行互联。网段之间的互联需要配置路由，使用动态路由协议，从而减少管理人员工作量。RIP 协议出现较早，于 20 世纪

70 年代开发，是一种运用比较广泛的方案。由于其配置简单，可用于中小型网络。

对于交换机的基础配置，读者已经比较熟悉，因此本任务中已经掌握的知识和技能包括：

（1）交换机的 vlan 配置。

（2）交换机三层端口的配置。

RIP 协议是本任务的挑战，本任务的新知识和技能是：

（1）掌握 RIP 协议的配置。

（2）了解 RIP 协议的基本原理。

 ### 总体步骤

（1）网络拓扑设计，IP 地址设计。

（2）配置交换机的 vlan。

（3）配置交换机之间的直连路由。

（4）配置 RIP 路由协议。

 ### 实施步骤

步骤 1　网络拓扑设计，IP 地址设计

园区网络中存在比较多的接入设备，在模拟器中我们只选取有代表性的设备，若配置好该代表设备，则其他设备可以类似地接入即可。同样道理，本任务也只选取有代表性的 vlan，而在实际项目中通常不止三个 vlan，其他 vlan 用类似的方法可以正确配置。

于是，在拓扑上我们只配置两个连接底层的 vlan——vlan 101 和 vlan 102，一个服务器的 vlan——vlan 100 。拓扑图如下：

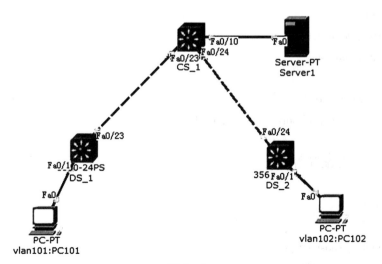

图 7—1

IP 地址方面，我们用最常用的 192.168.×.0/24 网段，其中 × 与 vlan 号相同，便于维护。注意，交换机之间采用三层通信，每条网线采用同一网段的 IP 地址。详细地址分配如下表：

设备名称	连接接口	IP 地址	接入端口/对端设备
CS_1	vlan 100	192.168.100.1/24	接入 f0/10
CS_1	f0/23	192.168.1.1/24	DS_1
CS_1	f0/24	192.168.2.1/24	DS_2
DS_1	f0/24	192.168.1.2/24	CS_1
DS_1	vlan 101	192.168.101.1/24	接入 f0/1-20
DS_2	f0/24	192.168.2.2/24	CS_1
DS_2	vlan 102	192.168.102.1/24	接入 f0/1-20

步骤 2　配置交换机的 vlan

小 A 已经很熟悉 vlan 的配置，因此不作详细介绍。

交换机 CS_1 的配置如下：

```
Switch > ena
Switch#conf t
Switch(config)#host CS_1
CS_1(config)#vlan 100
CS_1(config-vlan)#ex
CS_1(config)#vlan 101
CS_1(config-vlan)#ex
CS_1(config)#vlan 102
CS_1(config-vlan)#ex

CS_1(config)#int f0/10
CS_1(config-if)#switchport access vlan 100
```

交换机 DS_1 的配置如下：

```
Switch > ena
Switch#conf t
Switch(config)#host DS_1
DS_1(config)#vlan 101
```

DS_1(config-vlan)#ex

DS_1(config)#int r f0/1-20

DS_1(config-if-range)#switchport access vlan 101

交换机 DS_2 的配置如下：

Switch > ena

Switch#conf t

Switch(config)#vlan 102

Switch(config-vlan)#ex

Switch(config)#int r f0/1-20

Switch(config-if-range)#switchport access vlan 102

步骤3　配置交换机之间的直连路由

配置动态路由之前，必须先配置好直连路由，也就是路由表中的 C 表项。这些设置可以对照着 IP 地址表进行。具体配置如下：

CS_1(config)#int vlan 100

CS_1(config-if)#ip add 192.168.100.1 255.255.255.0

CS_1(config-if)#no shut

CS_1(config-if)#int f0/23

CS_1(config-if)#no switchport

CS_1(config-if)#ip add 192.168.1.1 255.255.255.0

CS_1(config-if)#no shut

CS_1(config-if)#int f0/24

CS_1(config-if)#no switchport

CS_1(config-if)#ip add 192.168.2.1 255.255.255.0

CS_1(config-if)#no shut

DS_1(config)#int f0/24

DS_1(config-if)#no switchport

DS_1(config-if)#ip add 192.168.1.2 255.255.255.0

DS_1(config-if)#no shut

DS_1(config-if)#int vlan 101

DS_1(config-if)#ip add 192.168.101.1 255.255.255.0

DS_1(config-if)#no shut

DS_2(config)#int f0/24

DS_2(config-if)#no switchport

DS_2(config-if)#ip add 192.168.2.2 255.255.255.0

DS_2(config-if)#no shut

DS_2(config-if)#int vlan 102

DS_2(config-if)#ip add 192.168.102.1 255.255.255.0

DS_2(config-if)#no shut

在配置动态路由之前，通常先保证三层设备之间能够直连互通。如果直连不成功，则先排查 IP 地址设置的错误，不要进入动态路由协议，以免扩大错误范围。如果直连均成功，那么可以放心进入动态路由协议。

下面用 ping 命令测试 CS_1 与 DS_1，CS_1 与 DS_2 之间的连通性。

CS_1#ping 192.168.1.2

Type escape sequence to abort.

Sending 5, 100-byte ICMP Echos to 192.168.1.2, timeout is 2 seconds：

!!!!!

Success rate is 100 percent (5/5), round-trip min/avg/max = 0/0/0 ms

CS_1#ping 192.168.2.2

Type escape sequence to abort.

Sending 5, 100-byte ICMP Echos to 192.168.2.2, timeout is 2 seconds：

!!!!!

Success rate is 100 percent (5/5), round-trip min/avg/max = 0/3/16 ms

ping 结果显示直连路由正常，可以进行动态路由协议的配置。

步骤4　配置 RIP 路由协议

完成直连路由后，读者可以观察路由表，发现这个时候只有 C 路由，没有跨越路由器的路由，PC101 并不能到达 Server1。

接下来进行 RIP 路由的配置：

CS_1(config)#ip routing;打开路由功能

CS_1(config)#router rip;进入 RIP 路由配置

CS_1(config-router)#version 2;启用版本 2 的 RIP

CS_1(config-router)#no auto-summary;取消自动汇总

CS_1(config-router)#network 192.168.100.0;通告本地 3 个直连网段

CS_1(config-router)#network 192. 168. 1. 0

CS_1(config-router)#network 192. 168. 2. 0

设置 RIP 路由是本次任务的新命令，格式如下：

router rip

version 2

no auto-summary

router rip 进入 RIP 配置，所有关于 RIP 的配置都在进入 RIP 的"（config-router)#"状态下进行。RIP 协议使用历史较长，目前主要采用版本 2 的 RIP（RIPv2)，RIPv2 在可变长子网掩码、安全性、更新方式等方面均优于 RIPv1。因此在进入 RIP 配置之后，我们通过 version 2 命令把版本设置为版本 2。取消自动汇总是 RIPv2 的一个主要功能，一般都会使用这个功能。关于版本 2 和取消自动汇总的更多介绍，请有兴趣的读者自行查找。另外请注意，只有版本相同的 RIP 协议才能互相学习，因此以下两台路由器均使用 RIPv2。

network 命令是最主要的 RIP 配置，格式如下：

network 通告本地直连网段

network 后面的网段将会通告给直连网段，也就是说通告后的网段才能被其他三层设备学习。如 CS_1 直连的三个网段 192. 168. 100. 0/24，192. 168. 1. 0/24，192. 168. 2. 0/24 都需要通告，因此配置 3 条 network 命令。

DS_1 和 DS_2 也将采用类似的方式，先进入 RIP 配置，配置版本 2，取消自动汇总，然后把它们直连的网段都通过 netwok 命令通告。具体命令如下：

DS_1(config)#ip routing

DS_1(config)#router rip

DS_1(config-router)#version 2

DS_1(config-router)#no auto-summary

DS_1(config-router)#net 192. 168. 1. 0

DS_1(config-router)#net 192. 168. 101. 0

DS_1 直连了两个网段 192. 168. 1. 0/24，192. 168. 101. 0/24，它们都需要通过 RIP 通告而被其他三层设备学习，因此共有两条 network 命令。

DS_1(config)#ip routing

DS_2(config)#router rip

DS_2(config-router)#version 2

DS_2(config-router)#no auto-summary

DS_2(config-router)#net 192. 168. 2. 0

DS_2(config-router)#net 192. 168. 102. 0

DS_ 2 直连了两个网段 192. 168. 2. 0/24，192. 168. 102. 0/24，它们都需要通过 RIP 通告而被其他三层设备学习，因此共有两条 network 命令。

此时已经完成了 RIP 配置。RIP 配置是否成功，可以通过三台三层设备的路由表查看。

先来查看 CS_ 1 的路由表：

```
CS_1#show ip route
Codes: C - connected, S - static, I - IGRP, R - RIP, M - mobile, B - BGP
       D - EIGRP, EX - EIGRP external, O - OSPF, IA - OSPF inter area
       N1 - OSPF NSSA external type 1, N2 - OSPF NSSA external type 2
       E1 - OSPF external type 1, E2 - OSPF external type 2, E - EGP
       i - IS-IS, L1 - IS-IS level-1, L2 - IS-IS level-2, ia - IS-IS inter area
       * - candidate default, U - per-user static route, o - ODR
       P - periodic downloaded static route

Gateway of last resort is not set

C    192.168.1.0/24 is directly connected, FastEthernet0/23
C    192.168.2.0/24 is directly connected, FastEthernet0/24
C    192.168.100.0/24 is directly connected, Vlan100
R    192.168.101.0/24 [120/1] via 192.168.1.2, 00:00:21, FastEthernet0/23
R    192.168.102.0/24 [120/1] via 192.168.2.2, 00:00:03, FastEthernet0/24
```

在 CS_ 1 的路由表中发现了两条 R 条目，分别是 192. 168. 101. 0 和 192. 168. 102. 0，下一跳分别为 192. 168. 1. 2 和 192. 168. 2. 2，这两条路由都不是由管理员手工配置的，管理员只是把直连的 3 个网段通告。这就是 RIP 学习的结果。

同样，在 DS_ 1 和 DS_2 中均发现了 R 条目，都是 RIP 学习的结果。

DS_ 1 路由表：

```
C    192.168.1.0/24 is directly connected, FastEthernet0/24
R    192.168.2.0/24 [120/1] via 192.168.1.1, 00:00:05, FastEthernet0/24
R    192.168.100.0/24 [120/1] via 192.168.1.1, 00:00:05, FastEthernet0/24
C    192.168.101.0/24 is directly connected, Vlan101
R    192.168.102.0/24 [120/2] via 192.168.1.1, 00:00:05, FastEthernet0/24
DS 1#
```

DS_ 2 路由表：

```
R    192.168.1.0/24 [120/1] via 192.168.2.1, 00:00:10, FastEthernet0/24
C    192.168.2.0/24 is directly connected, FastEthernet0/24
R    192.168.100.0/24 [120/1] via 192.168.2.1, 00:00:10, FastEthernet0/24
R    192.168.101.0/24 [120/2] via 192.168.2.1, 00:00:10, FastEthernet0/24
C    192.168.102.0/24 is directly connected, Vlan102
```

至此，3 台三层交换机都能够学习到所有的目标网段和正确的下一跳。只要接入计算机的 IP 地址和网关设置正确，那么就能够成功地把整个园区网连通。

技术要点

本任务运用的是动态路由协议，运行动态路由协议的路由器或者三层交换机能够自动计算出路由表，并根据实际情况动态调整路由表。路由表之间交换路由信息，并根据交换得到的基本信息进行计算，从而计算出一条"最佳"路径。每种动态路由协议都有其衡量"最佳"路径的原则，如 RIP 动态路由协议根据"跳数"衡量最佳路径，OSPF 动态路由协议根据"链路状态"衡量最佳路径。

本任务运用的动态路由协议是 RIP（Routing Information Protocol）协议，即路由信息协议。它是一种运用时间长、配置简单的动态路由协议，它可以通过不断地交换信息让路由器动态地适应网络连接的变化，这些信息包括每个路由器可以到达哪些网络、这些网络有多远等。RIP 的特点包括：

（1）仅和相邻的路由器交换信息。如果两个路由器之间的通信不经过另外一个路由器，那么这两个路由器是相邻的。RIP 协议规定，不相邻的路由器之间不交换信息。

（2）路由器交换的信息是当前本路由器所知道的全部信息，即自己的路由表。

（3）按固定时间交换路由信息，如每隔 30 秒，然后路由器根据收到的路由信息更新路由表（也可进行相应配置使其触发更新）。

如本任务中 DS_1 向相邻的 CS_1 交换信息，同时收到 CS_1 发送过来的消息，DS_1 得知可以通过 CS_1 到达 192.168.2.0/24 网段，于是 DS_1 把 192.168.2.0/24 网段写入路由表，下一跳地址是 CS_1，即相邻的端口 192.168.1.1。同理，各三层交换机都交换信息并学习到整个区域的路由表。

由于 RIP 路由协议是最早的一种路由协议，难免存在一些缺点：

（1）以跳数为依据计算度量值过于简单，经常得出非最优路由。如 2 跳 64K 专线比 3 跳 1 000M 光纤要差，但是 RIP 路由将会选取 2 跳的 64K 专线作为路径。

（2）最大跳数为 16 条，不适合大的网络。

（3）安全性差，无密码验证机制。

（4）收敛性差，时间经常大于 5 分钟。

为了克服 RIP 的缺点，现在普遍采用 RIP 的版本 2（RIPv2）来取代 RIP 的版本 1（RIPv1），RIPv2 相比 RIPv1 具有一定的优点，如提供验证、支持可变长子网掩码等。

 检测报告及故障排查

本次任务需要检测整个园区网的连通性，两台接入交换机 PC101、PC102、服务器 Server1 之间需要保证连通。

验证项目	验证步骤	预期验证结果	实际验证结果	结论
vlan101 到达服务器	PC101 ping Server1	通	通/不通	园区网内部通过 RIP 互联成功/不成功
vlan102 到达服务器	PC102 ping Server1	通	通/不通	
vlan101 和 vlan102 互通	PC101 ping PC102	通	通/不通	

若在检测中发现一个或多个项目不正常，则需要进行排查。

（1）网关是一个重点排查的地方。若接入设备 ping 自己的网关失败，那么通常是由接入设备的 IP 地址和网关设置不正常所导致，可以重点排查 PC 的 IP 配置和步骤 2 中三层端口的配置。

（2）若能够到达网关，那么错误通常出现在路由表中。查看网关的路由表，观察目标网段是否出现在路由表中，下一跳地址是否正确。若出现问题，可以重点排查 RIP 配置是否正常。RIP 配置有以下两个常见的易错点：

①直连路由失败。所有的路由协议，都是建立在直连通畅的基础上的。我们可以在两台交换机中 ping 对方直连的 IP 地址，查看直连是否正常，若不正常，重点排查步骤 3 端口升三层的配置。

②若直连路由正常，那么很可能是 RIP 配置不正常。可以重点查看 RIP 配置是否把直连的网段都通过 network 命令进行了通告。提醒初学者，通告的网段是直连的网段，而不是目标网段。比如在 DS_1 中通告了 192.168.100.0/24 而没有通告 192.168.1.0/24，将会导致 RIP 学习不正常。读者可以重点检查步骤 4 中的配置。

命令小结

命令	说明
router rip	进入 RIP 配置
version 2	把 RIP 版本设置为版本 2
no auto-summary	取消自动汇总
network 直连网段	通告本地直连网段

扩展练习

动态路由协议是本任务的一大突破，掌握了动态路由协议之后，我们可以尝试配置具有更多网段的网络，我们不需要手工地逐条编写静态路由，而只需要将基本的路由信息发给路由器或三层交换机，动态路由协议将会交互信息，从而获得最新的路由表。

本扩展练习我们挑战一个常见的双核心结构。各网段信息见图 7 - 2。我们尝试配置 RIP 路由，然后测试全网互通。

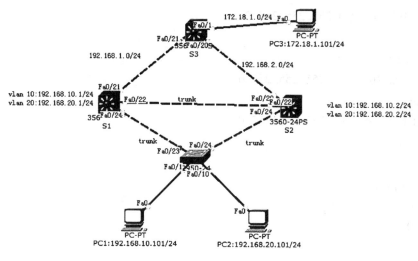

图 7 - 2　RIP 扩展任务

参考配置：

（1）我们先保证基础配置和直连路由正确，参考代码如下：

SL3：

span mo pvst

vlan 10

vlan 20

int f0/1

sw ac vl 10

int f0/10

sw ac vl 20

int r f0/23-24

sw mo tr

S1：

span mo pvst

vlan 10

vlan 20

int r f0/22-24

sw tr enc do

sw mo tr

int f0/21

no sw

ip add 192. 168. 1. 1 255. 255. 255. 0

int vlan 10
ip add 192. 168. 10. 1 255. 255. 255. 0
int vlan 20
ip add 192. 168. 20. 1 255. 255. 255. 0

S2：
span mo pvst
vlan 10
vlan 20
int r f0/22-24
sw tr enc do
sw mo tr

int f0/20
no sw
ip add 192. 168. 2. 1 255. 255. 255. 0

int vlan 10
ip add 192. 168. 10. 2 255. 255. 255. 0
int vlan 20
ip add 192. 168. 20. 2 255. 255. 255. 0

S3：
span mo pvst
int f0/21
no sw
ip add 192. 168. 1. 2 255. 255. 255. 0
int f0/20
no sw
ip add 192. 168. 2. 2 255. 255. 255. 0
int f0/1
no sw
ip add 172. 18. 1. 1 255. 255. 255. 0

（2）经过测试直连互通之后，我们再来配置 RIP，参考配置如下：

S1：
ip routing
router rip
v 2
no au
net 192. 168. 10. 0
net 192. 168. 20. 0
net 192. 168. 1. 0

S2：
ip routing
router rip
v 2
no au
net 192. 168. 10. 0
net 192. 168. 20. 0
net 192. 168. 2. 0

S3：
ip routing
router rip
v 2
no au
net 192. 168. 1. 0
net 192. 168. 2. 0
net 172. 18. 1. 0

（3）配置完路由协议之后，我们需要观察路由表，预期结果如下：

```
        172.18.0.0/24 is subnetted, 1 subnets
R          172.18.1.0 [120/1] via 192.168.1.2, 00:00:03, FastEthernet0/21
C       192.168.1.0/24 is directly connected, FastEthernet0/21
R       192.168.2.0/24 [120/1] via 192.168.10.2, 00:00:01, Vlan10
                       [120/1] via 192.168.20.2, 00:00:01, Vlan20
                       [120/1] via 192.168.1.2, 00:00:03, FastEthernet0/21
C       192.168.10.0/24 is directly connected, Vlan10
C       192.168.20.0/24 is directly connected, Vlan20
S1#
```

图 7 - 3　S1 预期路由表

在 S1 的路由表中，我们可以找到 172. 18. 1. 0/24 和 192. 168. 2. 0/24 的 RIP 路由条目，下一跳正常。细心的读者还可以发现，到达 192. 168. 2. 0/24 的下一跳有三条，这是因为

RIP 认为到达 192.168.2.0/24 的下一跳有三个，分别是 192.168.10.2，192.168.20.2 和 192.168.1.2，它们都需要经过 1 跳到达目标，度量值相同，因此它们同时出现在路由表。

```
        172.18.0.0/24 is subnetted, 1 subnets
R          172.18.1.0 [120/1] via 192.168.2.2, 00:00:19, FastEthernet0/20
R       192.168.1.0/24 [120/1] via 192.168.2.2, 00:00:19, FastEthernet0/20
                       [120/1] via 192.168.10.1, 00:00:07, Vlan10
                       [120/1] via 192.168.20.1, 00:00:07, Vlan20
C       192.168.2.0/24 is directly connected, FastEthernet0/20
C       192.168.10.0/24 is directly connected, Vlan10
C       192.168.20.0/24 is directly connected, Vlan20
S2#
```

图 7 - 4　S2 预期路由表

S2 的路由表和 S1 的路由表类似。

```
        172.18.0.0/24 is subnetted, 1 subnets
C          172.18.1.0 is directly connected, FastEthernet0/1
C       192.168.1.0/24 is directly connected, FastEthernet0/21
C       192.168.2.0/24 is directly connected, FastEthernet0/20
R       192.168.10.0/24 [120/1] via 192.168.1.1, 00:00:17, FastEthernet0/21
                        [120/1] via 192.168.2.1, 00:00:24, FastEthernet0/20
R       192.168.20.0/24 [120/1] via 192.168.1.1, 00:00:17, FastEthernet0/21
                        [120/1] via 192.168.2.1, 00:00:24, FastEthernet0/20
S3#
```

图 7 - 5　S3 预期路由表

S3 的路由表出现了 192.168.10.0/24 和 192.168.20.0/24 两条 RIP 路由条目，它们都具有正确的下一跳。

（4）检验。读者可以用 PC1 ping PC2，PC1 ping PC3，若它们都能正常互通，那么本扩展练习成功，否则进行错误排查。

任务二　用 OSPF 协议搭建园区网

设备清单

任务二和任务一都是要解决园区网中的路由问题，是同一情境的两种解决方案。因此，任务二采用了相同的拓扑图，设备同样是采用三台交换机。

技术分析

在任务一中，我们运用 RIP 动态路由协议来搭建园区网，RIP 协议在早期的网络中运用比较多，但是它把跳数作为选择路由的唯一标准，而且收敛速度比较慢，难以胜任要求更高的中大型网络。于是我们需要一种配置方便，同时性能更高的路由协议，OSPF 动态路由协议就是目前运用最广泛的路由协议之一。OSPF 通过计算链路状态来确定最优路径，具有配置方便、收敛速度快、支持无类路由等优点，胜任中大型网络中的路由要求。

本任务中的园区网继续采用任务一的拓扑结构，但是用 OSPF 取代 RIP 路由。对于交换机的基础配置，读者已经比较熟悉，因此本任务已经掌握的知识和技能包括：

（1）交换机的 vlan 配置。

（2）交换机三层端口的配置。

OSPF 协议是本次任务的挑战，本次任务的新知识和技能是：

（1）掌握 OSPF 协议的配置。

（2）了解 OSPF 协议的基本原理。

 总体步骤

（1）网络拓扑设计，IP 地址设计。

（2）配置交换机的 vlan。

（3）配置交换机之间的直连路由。

（4）配置 OSPF 路由协议。

 实施步骤

步骤 1 ~ 3　参照任务一的步骤 1 ~ 3

本任务采用和任务一同样的拓扑结构，同样的 IP 地址设计。这样读者可以从中体会 RIP 协议和 OSPF 配置上的异同。无论是 RIP 协议还是 OSPF 协议，都需要先保证直连路由的通畅，这样才能保证路由信息在各种三层设备之间的传输。读者可以仿照任务一的步骤 1 ~ 3，测试直连路由的连通性正常后，进入步骤 4 的 OSPF 设置。

步骤4　配置 OSPF 路由协议

和任务一一样，完成直连路由后观察路由表，发现这个时候只有 C 路由，没有跨越路由器的路由，PC101 并不能到达 Server1。

于是我们开始配置动态路由，与任务一不同，我们开始配置 OSPF 路由。

CS_1（config）#ip routing

CS_1（config）#router ospf 1

CS_1（config-router）#network 192. 168. 100. 0 0. 0. 0. 255 area 0

CS_1（config-router）#network 192. 168. 1. 0 0. 0. 0. 255 area 0

CS_1（config-router）#network 192. 168. 2. 0 0. 0. 0. 255 area 0

设置 OSPF 路由是本次任务的新命令，格式如下：

router ospf 进程号

进程号是操作系统中进程的标识，此进程号仅对本设备有效。初学者可以把这个进程号都设置为1，也可以尝试其他进程号。OSPF 通信直连网段的格式如下：

network 网络地址 反掩码 area 区域号

和 RIP 配置中的网络地址类似，network 后面的网段将会通告给直连网段，也就是说通告后的网段才能被其他三层设备学习。如 CS_1 直连的三个网段 192.168.100.0/24，192.168.1.0/24，192.168.2.0/24 都需要通告，因此配置 3 条 network 命令。

和 RIP 配置不一样的是，OSPF 配置需要指明子网掩码。此子网掩码是通过反掩码的形式来配置的。初学者可以把反掩码简单理解为"掩码的相反"，也就是对于二进制的子网掩码，子网掩码中的 0 变为反掩码中的 1，子网掩码中的 1 变为反掩码中的 0。比如，最常见的子网掩码 255.255.255.0，用二进制表示为 11111111.11111111.11111111.00000000 。对此进行反运算，得到反掩码为 00000000.00000000.00000000.11111111，也就是十进制的 0.0.0.255 。

我们把最常见的子网掩码概括成下表：

十进制子网掩码	十进制反掩码
255.0.0.0	0.0.0.255
255.255.0.0	0.0.255.255
255.255.255.0	0.0.0.255

如果遇到其他的子网掩码，如 30 位的子网掩码 255.255.255.252，可以通过二进制的反操作，得到反掩码为 0.0.0.3。

OSPF 运用到大型网络的时候，往往采用多区域的配置来提高性能。于是在 OSPF 中需要配置区域号。由于我们的任务仅属于小型网络，不用设计多区域配置，因此，所有的区域号一律配置为骨干区域 0。

DS_1 和 DS_2 也将采用类似的方式，进入 OSPF 配置，然后把它们直连的网段都通过 netwokr 命令宣告。具体命令如下：

DS_1(config)#ip routing
DS_1(config)#router ospf 1
DS_1(config-router)#network 192.168.1.0 0.0.0.255 area 0
DS_1(config-router)#network 192.168.101.0 0.0.0.255 area 0

DS_1 直连了两个网段 192.168.1.0/24，192.168.101.0/24，它们都需要通过 OSPF 宣告而被其他三层设备学习，因此共有两条 network 命令。

DS_2(config)#ip routing

DS_2(config)#router ospf 1

DS_2(config-router)#network 192.168.2.0 0.0.0.255 area 0

DS_2(config-router)#network 192.168.102.0 0.0.0.255 area 0

DS_2 直连了两个网段 192.168.2.0/24，192.168.102.0/24，它们都需要通过 OSPF 宣告而被其他三层设备学习，因此共有两条 network 命令。

此时已经完成了 OSPF 配置。OSPF 配置是否成功，可以通过 3 台三层设备的路由表来查看。

先来查看 CS_1 的路由表：

```
CS_1#show ip route
Codes: C - connected, S - static, I - IGRP, R - RIP, M - mobile, B - BGP
       D - EIGRP, EX - EIGRP external, O - OSPF, IA - OSPF inter area
       N1 - OSPF NSSA external type 1, N2 - OSPF NSSA external type 2
       E1 - OSPF external type 1, E2 - OSPF external type 2, E - EGP
       i - IS-IS, L1 - IS-IS level-1, L2 - IS-IS level-2, ia - IS-IS inter area
       * - candidate default, U - per-user static route, o - ODR
       P - periodic downloaded static route

Gateway of last resort is not set

C    192.168.1.0/24 is directly connected, FastEthernet0/23
C    192.168.2.0/24 is directly connected, FastEthernet0/24
C    192.168.100.0/24 is directly connected, Vlan100
O    192.168.101.0/24 [110/2] via 192.168.1.2, 00:07:28, FastEthernet0/23
O    192.168.102.0/24 [110/2] via 192.168.2.2, 00:05:14, FastEthernet0/24
```

在 CS_1 的路由表中发现了两条 OSPF 条目，分别是 192.168.101.0 和 192.168.102.0，下一跳分别为 192.168.1.2 和 192.168.2.2，这两条路由都不是由管理员手工配置的，管理员只是把直连的 3 个网段通告，这就是 OSPF 学习的结果。

同样，在 DS_1 和 DS_2 中均发现了 OSPF 条目，这都是 OSPF 学习的结果。

DS_1 路由表：

```
C    192.168.1.0/24 is directly connected, FastEthernet0/24
O    192.168.2.0/24 [110/2] via 192.168.1.1, 00:06:29, FastEthernet0/24
O    192.168.100.0/24 [110/2] via 192.168.1.1, 00:08:42, FastEthernet0/24
C    192.168.101.0/24 is directly connected, Vlan101
O    192.168.102.0/24 [110/3] via 192.168.1.1, 00:06:19, FastEthernet0/24
```

DS_2 路由表：

```
O    192.168.1.0/24 [110/2] via 192.168.2.1, 00:07:20, FastEthernet0/24
C    192.168.2.0/24 is directly connected, FastEthernet0/24
O    192.168.100.0/24 [110/2] via 192.168.2.1, 00:07:20, FastEthernet0/24
O    192.168.101.0/24 [110/3] via 192.168.2.1, 00:07:20, FastEthernet0/24
C    192.168.102.0/24 is directly connected, Vlan102
```

至此，3 台三层交换机都能够学习到所有的目标网段和正确的下一跳。只要接入计算机的 IP 地址和网关设置正确，那么就能够成功地把整个园区网连通。

技术要点

本任务运用的动态路由协议是 OSPF（Open Shortest Path First）协议，即开放式最短路径优先协议，它是目前网络中应用最广泛的路由协议。OSPF 属于一种链路状态协议，通过路由器之间通告网络接口的状态信息来建立链路状态数据库，计算出最优路径，每个 OSPF 路由器使用这些最短路径构造路由表。

比起 RIP，OSPF 更能适应当今网络需求，它具有以下主要特点：

（1）可适应大规模网络，远比 RIP 最大 16 跳的适用范围大。

（2）收敛速度快。

（3）支持可变长子网掩码。

（4）支持简单口令和 MD5 认证。

OSPF 是一种链路状态协议。所谓的链路状态（LSA）是指 OSPF 接口上的描述信息，例如接口上的 IP 地址、子网掩码、网络类型、开销值等。其中开销值通过带宽来计算，因此，OSPF 能够选择比 RIP 更优的路径，如 3 跳 1 000M 光纤要比 2 跳 64K 专线好，OSPF 选择 3 跳 1 000M 光纤作为路径，而不是 64K 专线。

OSPF 路由器之间交换链路状态（LSA），OSPF 通过获得网络中所有的链路状态信息，从而计算出到达每个目标精确的网络路径。OSPF 路由器会将自己所有的链路状态毫无保留地全部发给邻居，邻居将收到的链路状态全部放入链路状态数据库（Link-State Database），邻居再发给自己的所有邻居，并且在传递过程中不会作任何更改。通过这样的过程，最终，网络中所有的 OSPF 路由器都拥有网络中所有的链路状态，并且所有路由器的链路状态应该都能描绘出相同的网络拓扑。然后 OSPF 路由器通过这个数据库计算出其 OSPF 路由表。

如本任务中的 DS_1，DS_1 通过向它的邻居 CS_1 发送链路状态，同时收到 CS_1 发送过来的链路状态。经过多次的互相交换后，DS_1 把整个区域的链路状态写入链路状态数据库中，相当于 DS_1 获取了整个区域的链路信息。然后，DS_1 就可以使用 SPF 算法，算出它到达各网段的路径，并写入路由表。

 检测报告及故障排查

本任务采用与任务一同样的拓扑和 IP 地址设计，因此检测报告也是一样的。我们需要检测整个园区网的连通性，且两台接入交换机 PC101、PC102、服务器 Server1 之间需要保证连通。

验证项目	验证步骤	预期验证结果	实际验证结果	结论
vlan 101 到达服务器	PC101 ping Server1	通	通/不通	园区网内部通过 OSPF 互联成功/不成功
vlan 102 到达服务器	PC102 ping Server1	通	通/不通	
vlan 101 和 vlan 102 互通	PC101 ping PC102	通	通/不通	

若在检测中发现一个或多个项目不正常，则需要进行排查。排查过程也是采用先测试

网关，再从网关查看路由表的思路。

（1）网关是一个重点排查的地方。若接入设备 ping 自己的网关失败，那么通常是由接入设备的 IP 地址和网关设置不正常所导致，则可以重点排查 PC 的 IP 配置和步骤 2 中三层端口的配置。

（2）若能够到达网关，那么错误通常出现在路由表中。查看网关的路由表，观察目标网段是否出现在路由表中，下一跳地址是否正确。若出现问题，可以重点排查 OSPF 配置是否正常。OSPF 配置有以下 3 个常见的易错点：

①直连路由失败。所有的路由协议，都是建立在直连通畅的基础上的。我们可以在两台交换机中 ping 对方直连的 IP 地址，查看直连是否正常，若不正常，则重点排查步骤 3 端口升三层的配置。

②若直连路由正常，那么很可能是 OSPF 配置不正常。可以重点查看 OSPF 配置是否把直连的网段都通过 network 命令进行了通告。提醒初学者，通告的网段是直连的网段，而不是目标网段。比如在 DS_1 中通告了 192.168.100.0/24 而没有通告 192.168.1.0/24，将会导致 OSPF 学习不正常。读者可以重点检查步骤 4 中的配置。

③关于 OSPF 的进程号和区域号的设置问题。进程号只具有本地意义，不会影响邻居路由器，因此进程号配置成 1 到 65535 问题都不大，初学者通常配置成 1。而区域号则有所讲究，对于小型网络采取 OSPF 的单区域配置，单区域配置必须具有骨干区域，也就是区域 0，因此本任务中的区域设置统一为 0。

命令小结

命令	说明
router ospf 进程号	进入 OSPF 配置
network 网络地址 反掩码 area 区域号	在 OSPF 中通告该网段

扩展练习

本扩展练习我们再次挑战双核心结构。我们继续采用图 7-2 的拓扑结构。我们尝试配置 OSPF 路由，然后测试全网互通。最后，我们还会尝试模拟双核心结构发生故障，这种稳健的双核心结构以及动态的 OSPF 路由协议将会自行调节路由条目，从而继续保证网络畅通。

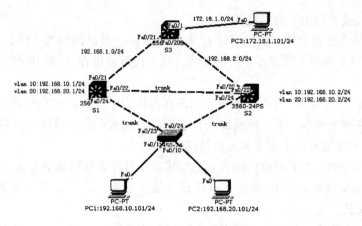

图 7 - 6   OSPF 扩展任务

参考配置：

（1）先保证基础配置和直连路由正确。参考代码与任务一的 RIP 扩展任务一样。

（2）经过测试直连互通之后，我们再来配置 OSPF，参考配置如下：

S1：
ip routing
router ospf 1
net 192. 168. 10. 0 0. 0. 0. 255 a 0
net 192. 168. 20. 0 0. 0. 0. 255 a 0
net 192. 168. 1. 0 0. 0. 0. 255 a 0

S2：
ip routing
router ospf 1
net 192. 168. 10. 0 0. 0. 0. 255 a 0
net 192. 168. 20. 0 0. 0. 0. 255 a 0
net 192. 168. 2. 0 0. 0. 0. 255 a 0

S3：
ip routing
router ospf 1
net 192. 168. 1. 0 0. 0. 0. 255 a 0
net 192. 168. 2. 0 0. 0. 0. 255 a 0
net 172. 18. 1. 0 0. 0. 0. 255 a 0

（3）配置完路由协议之后，我们需要观察路由表，预期结果如下：

```
      172.18.0.0/24 is subnetted, 1 subnets
O        172.18.1.0 [110/2] via 192.168.1.2, 00:02:03, FastEthernet0/21
C     192.168.1.0/24 is directly connected, FastEthernet0/21
O     192.168.2.0/24 [110/2] via 192.168.10.2, 00:01:27, Vlan10
                     [110/2] via 192.168.20.2, 00:01:27, Vlan20
                     [110/2] via 192.168.1.2, 00:01:27, FastEthernet0/21
C     192.168.10.0/24 is directly connected, Vlan10
C     192.168.20.0/24 is directly connected, Vlan20
S1#
```

图 7 - 7　S1 预期路由表

在 S1 的路由表中, 我们可以找到 172.18.1.0/24 和 192.168.2.0/24 的 OSPF 路由条目, 下一跳正常。细心的读者还可以发现, 到达 192.168.2.0/24 的下一跳有三条, 这是因为 OSPF 认为到达 192.168.2.0/24 的下一跳有三个, 分别是 192.168.10.2, 192.168.20.2 和 192.168.1.2, 度量值相同, 因此它们同时出现在路由表中。注意此时通往 172.18.1.0/24 网段是经过下一跳 192.168.1.2, 也就是从 f0/21 端口直接交给 S3。

```
      172.18.0.0/24 is subnetted, 1 subnets
O        172.18.1.0 [110/2] via 192.168.2.2, 00:03:55, FastEthernet0/20
O     192.168.1.0/24 [110/2] via 192.168.10.1, 00:03:55, Vlan10
                     [110/2] via 192.168.20.1, 00:03:55, Vlan20
                     [110/2] via 192.168.2.2, 00:03:55, FastEthernet0/20
C     192.168.2.0/24 is directly connected, FastEthernet0/20
C     192.168.10.0/24 is directly connected, Vlan10
C     192.168.20.0/24 is directly connected, Vlan20
S2#
```

图 7 - 8　S2 预期路由表

S2 的路由表和 S1 的路由表类似。

```
      172.18.0.0/24 is subnetted, 1 subnets
C        172.18.1.0 is directly connected, FastEthernet0/1
C     192.168.1.0/24 is directly connected, FastEthernet0/21
C     192.168.2.0/24 is directly connected, FastEthernet0/20
O     192.168.10.0/24 [110/2] via 192.168.1.1, 00:04:45, FastEthernet0/21
                      [110/2] via 192.168.2.1, 00:04:45, FastEthernet0/20
O     192.168.20.0/24 [110/2] via 192.168.1.1, 00:04:45, FastEthernet0/21
                      [110/2] via 192.168.2.1, 00:04:45, FastEthernet0/20
S3#
```

图 7 - 9　S3 预期路由表

S3 的路由表出现了 192.168.10.0/24 和 192.168.20.0/24 两条路由条目, 它们都具有正确的下一跳。

(4) 检验。读者可以用 PC1 ping PC2, PC1 ping PC3, 若它们都能正常互通, 那么本次扩展任务成功, 否则进行错误排查。

(5) 模拟故障。双核心结构可以增加网络稳定性。例如当 S1 和 S3 之间的链路发生故障时, OSPF 路由协议将会重新选择路由。

我们先在 PC1 ping PC3, 并加上参数 - t。然后用删除工具, 删除 S1 和 S3 之间的链路, 模拟链路发生故障。结果如下:

```
PC>ping -t 172.18.1.101

Pinging 172.18.1.101 with 32 bytes of data:

Reply from 172.18.1.101: bytes=32 time=1ms TTL=126
Reply from 172.18.1.101: bytes=32 time=0ms TTL=126
Reply from 172.18.1.101: bytes=32 time=1ms TTL=126
Reply from 172.18.1.101: bytes=32 time=0ms TTL=126
Reply from 172.18.1.101: bytes=32 time=0ms TTL=126
Reply from 172.18.1.101: bytes=32 time=1ms TTL=126
Request timed out.
Reply from 192.168.10.1: Destination host unreachable.
Reply from 192.168.10.1: Destination host unreachable.
Reply from 192.168.10.1: Destination host unreachable.
Request timed out.
Reply from 192.168.10.1: Destination host unreachable.
Reply from 192.168.10.1: Destination host unreachable.
Reply from 192.168.10.1: Destination host unreachable.
Reply from 192.168.10.1: Destination host unreachable.
Reply from 192.168.10.1: Destination host unreachable.
Request timed out.
Reply from 172.18.1.101: bytes=32 time=0ms TTL=126
Reply from 172.18.1.101: bytes=32 time=8ms TTL=126
Reply from 172.18.1.101: bytes=32 time=0ms TTL=126

Ping statistics for 172.18.1.101:
    Packets: Sent = 21, Received = 9, Lost = 12 (58% loss),
Approximate round trip times in milli-seconds:
    Minimum = 0ms, Maximum = 8ms, Average = 2ms
```

链路发生故障以后，网络会发生一段时间的中断，然后重新连通。路由表此时发生了什么变化呢？我们看看 S1 的路由表。

```
        172.18.0.0/24 is subnetted, 1 subnets
O       172.18.1.0 [110/3] via 192.168.10.2, 00:03:56, Vlan10
                   [110/3] via 192.168.20.2, 00:03:56, Vlan20
O    192.168.2.0/24 [110/2] via 192.168.10.2, 00:03:56, Vlan10
                    [110/2] via 192.168.20.2, 00:03:56, Vlan20
C    192.168.10.0/24 is directly connected, Vlan10
C    192.168.20.0/24 is directly connected, Vlan20
S1#
```

对比图 7-7，故障发生前，通往 172.18.1.0/24 网段是经过下一跳 192.168.1.2，也就是从 f0/21 端口直接交给 S3。而此时，通往 172.18.1.0/24 网段是经过下一跳 192.168.10.2 或者 192.168.20.2，也就是通过 vlan 10 或者 vlan 20 交给 S2，再由 S2 交给 S3。因此，双核心结构在部分网络发生故障的时候，依然保持了底层网络连接上层网络，提高了网络的稳定性。

项目八 连接广域网

 任务描述

小 A 已经具备搭建园区网和企业网的基本技能了，由于以往项目的规模都不大，所以采用二层交换机和三层交换机即可完成。随着网络规模的增大，特别是企业面临接入 Internet 的需求，这个时候则需要增加路由器。

本项目中，企业分为总公司和分公司，总公司和分公司采用路由器接入广域网，总公司和分公司之间的通信需要安全地在广域网中传输。

本项目分为两个任务，任务一解决路由器最基本的串行接口接入的问题，任务二解决广域网中安全验证的问题。

任务一   使用串口组建广域网

 设备清单

路由器是连接因特网中各个局域网和广域网的重要设备，是互联网络的枢纽，就像一位网络交通指挥员，指挥着网络信息的传输和发送。目前路由器被广泛应用于各行各业，各种不同档次的产品已经成为实现各种骨干网内部连接、骨干网间互联、骨干网与互联网互联互通业务的主力军。

路由器根据整个网络的情况自动选择路由，并把信息发送给其他网络设备。

三层交换机也具备一定的路由功能，但是路由器的接口更加丰富，可以接入更多的网络，每个接口属于不同的 IP 网络。路由器具有更加强大的路由功能，当路由器从某个接口收到 IP 数据包时，会确定由哪个端口将该数据转发到目的地。路由器用于转发数据包的接口可以位于最终目的网段，也可以位于连接到其他路由器的网络段。

路由器连接的每个网络通常需要单独的接口，这些接口用于连接局域网（LAN）和广域网（WAN）。LAN 通常为以太网，其中包含各种设备，如 PC、打印机和服务器，用于连接地域分布比较广阔的网络。例如，WAN 连接通常用于将 LAN 连接到 Internet 服务供应商（ISP）网络。

在本任务中，总公司和分公司分别采用一台路由器接入 WAN。因此，共需要两台路由器。

技术分析

我们之前学过的静态路由、RIP 动态路由和 OSPF 动态路由均可以运用到路由器当中，因此本任务已经掌握的知识和技能是 OSPF 的配置方法。

本任务首次采用路由器，由于我们对于路由器的设置还比较陌生，所以需要学习的技术包括：

（1）掌握在路由器中添加模块的方法。

（2）了解 DCE 和 DTE 的概念。

（3）掌握广域网的 DHLC 封装和 PPP 封装。

总体步骤

（1）网络拓扑设计，IP 地址设计。

（2）添加路由器的模块。

（3）配置总公司和分公司内部网络 IP 地址。

（4）设置串行端口的 DCE 和 DTE，配置 IP 地址，完成直连路由。

（5）配置 OSPF 路由协议。

实施步骤

步骤 1　网络拓扑设计，IP 地址设计

本任务需要连接的是总公司和分公司，总公司和分公司仅用一个代表性的网段来表示。路由器之间采用串口线连接，以模拟广域网传输。因此，拓扑图如下：

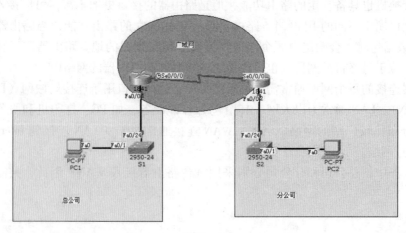

图 8 – 1

IP 地址方面，总公司内部我们用最常用的 192.168.1.0/24 网段，分公司内部也是采取最常用的 192.168.2.0/24 网段。而广域网中我们采用 172.18.0.0/30 网段。30 位子网掩码是常用于点对点网络的子网掩码，由于该网段仅有两个可用 IP 地址，所以可以最大限度地节约 IP 地址资源。详细地址分配如下表所示：

表 8 - 1

部门	网段
总公司	192.168.1.0/24
分公司	192.168.2.0/24
广域网	172.18.0.0/30

步骤 2　添加路由器的模块

路由器一般具备多个模块接口，用户可以根据实际需要添加模块以满足实际需求。如在本任务中，我们采用 1841 路由器，该路由器默认只有两个以太网接口，无法满足广域网接口的需求。因此，我们可以在 R1 的 Physical 标签下选择 WIC-2T 模块，该模块提供两个串行接口，可以满足本任务中广域网连接的需求。读者可以先关闭路由器电源，拖动 WIC-2T 模块至 Slot0 插槽，重新开启路由器即可。效果如下图所示：

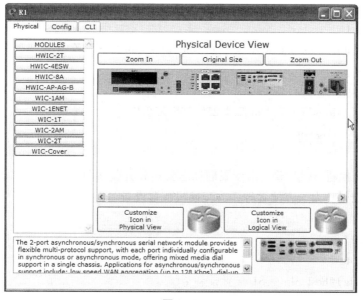

图 8 - 2

用同样方法为 R2 添加 WIC-2T 模块。

两台路由器均添加 WIC-2T 后，可以选择 Connections 中的 Serial DCE 串行线连接两台路由器。而其余网线的连接方法与交换机的连接方法相同，读者请自行连接。

步骤3 配置总公司和分公司内部网络 IP 地址

总公司内部由 R1 路由器的 f0/0 端口提供网关，因此需要对路由器的 f0/0 端口进行配置。

Router > enable;进入路由器的特权模式
Router#conf t;进入特权模式
Enter configuration commands, one per line. End with CNTL/Z.
Router(config)#host R1;使用 hostname 命令配置设备名称
R1(config)#int f0/0;进入端口配置模式
R1(config-if)#ip add 192.168.1.1 255.255.255.0;使用 ip address 命令配置 IP 地址
R1(config-if)#no shut;打开端口

读者可以发现，路由器的各种模式和交换机的各种模式是一样的，均包括用户模式、特权模式、端口配置模式等。而一些常用命令也和交换机的命令类似，如通过 ip address 命令配置 IP 地址，通过 no shutdown 命令打开端口。需要注意的是，路由器的端口默认是关闭的，不同于交换机端口默认打开，路由器端口必须通过 no shutdown 命令方可打开。

用同样方法对路由器 R2 进行配置：

Router > ena
Router#conf t
Enter configuration commands, one per line. End with CNTL/Z.
Router(config)#host R2
R2(config)#int f0/0
R2(config-if)#ip add 192.168.2.1 255.255.255.0
R2(config-if)#no shut

对于二层交换机 S1 和 S2，由于我们在总公司和分公司仅采用一个网段，因此不需要对交换机进行配置。为了方便管理，为交换机配置设备名即可。

Switch > ena
Switch#conf t
Switch(config)#host S1;为 S1 配置设备名

Switch > ena
Switch#conf t
Switch(config)#host S2;为 S2 配置设备名

PC1 和 PC2 分别代表总公司和分公司的接入设备,可以为它们分别配置 IP 地址为 192.168.1.101/24 和 192.168.2.101/24,网关分别为 192.168.1.1 和 192.168.2.1。

为了使后续步骤能够顺利进行,可以对 PC1 进行测试,测试它能否成功到达 R1,对 PC2 进行测试,测试它能否成功到达 R2。如下,若测试正常,则可进入下一步的配置。

```
PC>ping 192.168.1.1

Pinging 192.168.1.1 with 32 bytes of data:

Reply from 192.168.1.1: bytes=32 time=15ms TTL=255
Reply from 192.168.1.1: bytes=32 time=0ms TTL=255
Reply from 192.168.1.1: bytes=32 time=0ms TTL=255
Reply from 192.168.1.1: bytes=32 time=0ms TTL=255

Ping statistics for 192.168.1.1:
    Packets: Sent = 4, Received = 4, Lost = 0 (0% loss),
Approximate round trip times in milli-seconds:
    Minimum = 0ms, Maximum = 15ms, Average = 3ms
```

步骤 4 设置串行端口的 DCE 和 DTE,配置 IP 地址,完成直连路由

细心的读者可以发现,用 Serial DCE 线缆连接 R1 和 R2 后,其中一段端口旁边有一个时钟的标志。这个时钟标志表示 DCE(数据通信设备),没有时钟标志的一方是 DTE(数据终端设备)。DTE、DCE 之间的区别是 DCE 一方提供时钟,而 DTE 不提供时钟,但它依靠 DCE 提供的时钟工作。

在连接两台路由器之间线缆的时候,若采用 Serial DCE 线缆,先连接的一方是 DCE,后连接的一方是 DTE。若选择 Serial DTE 线缆,先连接的一方是 DTE,后连接的一方是 DCE。其实 Serial DCE 线缆和 Serial DTE 线缆是一样的,只是 DCE 一方的位置不同。

本任务把 DCE 配置在总公司一方,因此在配置中 R1 需要配置 DCE 时钟频率。具体配置如下:

R1(config)#int s0/0/0

R1(config-if)#ip add 172.18.0.1 255.255.255.252

;30 位子网掩码,也就是 255.255.255.252

R1(config-if)#encapsulation hdlc;设置封装方式为 HDLC

R1(config-if)#clock rate 64000;配置 DCE 时钟频率

R1(config-if)#no shut

R2(config)#int s0/0/0

R2(config-if)#ip address 172.18.0.2 255.255.255.252

R1(config-if)#encapsulation hdlc;设置封装方式为 HDLC

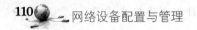

R2（config-if）#no shut

其中，clock rate 64000 是本次任务的新命令，把 DCE 端的时钟频率设置为 64000，DTE 端不需要进行此配置。

encapsulation hdlc

设置串行端口的封装方式为 HDLC。HDLC（高级数据链路协议）是思科路由器默认的封装协议。由于 HDLC 是默认的封装协议，此命令也可以省略。

PPP 是另一种封装协议，它比 HDLC 功能更加丰富，具备身份验证功能，因此在广域网中使用具有更高的安全性。本章的任务二将详细介绍 PPP 的安全验证方式。在本任务中，读者也可以尝试封装为 PPP 方式，虽然没有进行安全验证，不过只要两边的封装方式相同，那么就可以进行通信。命令如下：

R1（config）#int s0/0/0
R1（config-if）#encapsulation ppp
R2（config）#int s0/0/0
R2（config-if）#encapsulation ppp

串行端口配置后，要养成马上验证的习惯，就是在 R1 马上 ping R2，若成功，可以放心进入下一步路由协议的配置；若不成功，那么可以马上在端口配置部分排错，以免错误影响到下一步。ping 结果如下：

```
R1#ping 172.18.0.2

Type escape sequence to abort.
Sending 5, 100-byte ICMP Echos to 172.18.0.2, timeout is 2 seconds:
!!!!!
Success rate is 100 percent (5/5), round-trip min/avg/max = 31/40/79 ms
```

步骤 5 配置 OSPF 路由协议

当串口线的直连路由完成后，就可以进行 OSPF 配置。OSPF 配置过程跟以往一样，只需要在路由器宣告直连路由即可。

R1（config）#router ospf 1
R1（config-router）#network 192.168.1.0 0.0.0.255 area 0
R1（config-router）#network 172.18.0.0 0.0.0.3 area 0

R2（config）#router ospf 1
R2（config-router）#net 192.168.2.0 0.0.0.255 area 0

R2(config-router)#net 172.18.0.0 0.0.0.3 area 0

需要提醒的是，子网掩码 255.255.255.252 的反掩码是 0.0.0.3 。相关计算可以对二进制进行反码操作得到。

进行 OSPF 配置后，在路由表中可以观察到 OSPF 的条目，表示分公司网络已经进入 R1 路由表中。若路由表正常，那么可以进入检测阶段。R1 路由表如下：

```
        172.18.0.0/16 is variably subnetted, 2 subnets, 2 masks
C          172.18.0.0/30 is directly connected, Serial0/0/0
C          172.18.0.2/32 is directly connected, Serial0/0/0
C          192.168.1.0/24 is directly connected, FastEthernet0/0
O          192.168.2.0/24 [110/65] via 172.18.0.2, 00:01:42, Serial0/0/0
```

 技术要点

1. 路由器

路由器是连接因特网中各局域网、广域网的设备，它会根据信道的情况自动选择和设定路由，以最佳路径，按前后顺序来发送信号。路由器是互联网络的枢纽，是网络传输的"指挥员"，指挥着各种数据到达其目标地址。目前路由器已经广泛应用于各行各业，各种不同档次的产品已成为实现各种骨干网内部连接、骨干网间互联和骨干网与互联网互联互通业务的主力军。路由和交换机之间的主要区别就是交换机发生在 OSI 参考模型第二层，即数据链路层，而路由发生在第三层，即网络层。

路由器是互联网的主要结点设备。路由器通过路由决定数据的转发，转发策略称为路由选择（Routing），这也是路由器名称的由来（Router）。作为不同网络之间互相连接的枢纽，路由器系统构成了基于 TCP/IP 的国际互联网络 Internet 的主体脉络，也可以说，路由器构成了 Internet 的骨架。它的处理速度是网络通信的主要瓶颈之一，它的可靠性则直接影响着网络互联的质量。

路由器种类繁多，可以分为接入路由器、企业级路由器、骨干网路由器等，性能差异很大，价格相差也很大。接入路由器使得家庭和小型企业可以连接到某个互联网服务提供商；企业级路由器连接一个校园或企业内成千上万的计算机；骨干级路由器连接长距离骨干网上的 ISP 和企业网络。

2. 广域网

广域网（Wide Area Network，WAN）是运行地域超过局域网的数据通信网络，广域网通常使用电信运营商提供的数据链路在广域范围上访问网络。常见的广域网链路类型有专线（HDLC、PPP）、包交换、电路交换。

3. 串行线缆、DTE、DCE

本任务中使用的串行线缆（Serial）实际上是 V.35 线缆，用以模拟电信链路，并完成路由器广域网链路的一些参数设置。V.35 线缆分为 DCE 端和 DTE 端。DTE（Data Terminal Equipment，数据终端设备）提供或接收数据，连接到网络中的用户端机器，主要是计算机和终端设备。DCE（Data Communications Equipment，数据通信设备）提供信号变换和编码功能，并负责建立、保持和释放链路的连接，如 Modem。其中 DCE 一方提供时钟，

DTE 不提供时钟。DTE 依靠 DCE 提供的时钟工作，例如终端和 Modem 之间，由 Modem 作为 DCE，提供时钟，终端则依靠终端的时钟进行工作。在本例中，R1 配置为 DCE，用 clock rate 64000 提供时钟，R2 配置为 DTE，根据 R1 的时钟工作。

4. HDLC、PPP

WAN 数据链路层协议最常用的有 HDLC、PPP、帧中继和 ATM。本任务中我们使用了 HDLC 和 PPP。

高级数据链路控制（High-Level Data Link Control，HDLC），是一个在同步网上传输数据、面向比特的数据链路层协议，它是由国际标准化组织（ISO）根据 IBM 公司的 SDLC（Synchronous Data Link Control）协议扩展开发而成的。HDLC 不能提供验证，缺少对链路的安全保护。

和 HDLC 一样，PPP（点对点协议）也是串行线路上的一种帧封装格式，PPP 可以提供对多种网络层协议的支持。PPP 支持认证、多链路捆绑、回拨、压缩等功能。

检测报告及故障排查

本次任务的检测报告比较简单，需要验证总公司内部设备能够连通分公司内部设备，也就是 PC1 能够成功通过广域网到达 PC2。

验证项目	验证步骤	预期验证结果	实际验证结果	结论
总公司和分公司之间的连通性	PC1 ping PC2	通	通/不通	总公司和分公司能够/不能通过广域网进行连通

如果总公司内部或分公司内部通信不成功，那么可以查看过往任务的常见错误进行错误排查。本任务要排查的主要错误点如下：

（1）PC 能否到达网关。若不能，则重点排查 PC 与网关之间的网络，也就是步骤 3，包括二层配置、路由器以太网端口配置。

（2）广域网中串行线是否正常。可以用 R1 对 R2 进行 ping 以测试此直连网络。若不正常，重点排查步骤 4，包括串行口的 IP 地址、封装方式、时钟频率等。

（3）OSPF 配置是否正常。可以在 R1 和 R2 上用 show ip route 命令观察路由表，重点观察 OSPF 条目是否正常学习。若不正常，则重点排查步骤 5。

命令小结

命令	说明
clock rate 64000	把 DCE 端的时钟频率设置为 64000
encapsulation hdlc|ppp	设置串行端口的封装方式为 HDLC 或 PPP

任务二 使用 PPP 封装的两种验证方式提高广域网的安全性

 设备清单

本任务在任务一的基础上添加认证功能，提高广域网数据传输的安全性，并不需要增添新设备。因此，本任务共需两台路由器。

 技术分析

在任务一中我们已经在广域网中实现了总公司和分公司的连接。但是在广域网中，仅仅连通是不够的，还要考虑安全问题。在没有验证的 HDLC 或者 PPP 封装中，广域网中有可能存在信息泄露的危险，企业网的安全性需要重视。于是，本任务采用 PPP 封装的两种验证方式来提高广域网的安全性。

本任务继续采用任务一的拓扑结构，但是用在 PPP 封装的基础上增加 PAP 或者 CHAP 验证。对于路由器的基础配置，读者已经在任务一中掌握，因此本任务中已经掌握的知识和技能包括：

（1）路由器串行接口的基础配置和 PPP 封装。

（2）OSPF 实现总公司和分公司的互通。

安全性是本任务的新挑战，本次任务的新知识和技能包括：

（1）掌握 PAP 验证的配置方式。

（2）掌握 CHAP 验证的配置方式。

 总体步骤

本任务是在任务一的基础上增加 PAP 或者 CHAP 验证，总体步骤如下：

（1）网络拓扑设计，IP 地址设计。

（2）添加路由器的模块。

（3）配置总公司和分公司内部网络 IP 地址。

（4）设置串行端口的 DCE 和 DTE，配置 IP 地址，配置 PAP 或者 CHAP 验证。

（5）配置 OSPF 路由协议。

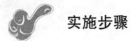

实施步骤

步骤 1~3　参照任务一的步骤 1~3

本任务与任务二的区别在于广域网部分的数据经过验证，拓扑结构、IP 地址设计、总公司和分公司内部的设置均没有变化，读者可以仿照任务一的步骤 1~3。为了使后续步骤顺利进行，可以测试 PC1 到网关、PC2 到网关的连通性，若正常，则可进入下一步的配置。

步骤 4　设置串行端口的 DCE 和 DTE，配置 IP 地址，配置 PAP 或者 CHAP 验证

接下来设置串行端口，在串行端口中除了和任务一一样要设置 DCE 和 DTE，配置 IP 地址外，还要进行验证。

PPP 封装方式下的验证方式有两种：PAP（Password Authentication Protocol）和 CHAP（Challenge Handshake Authentication Protocol）。这两种验证方式可以同时验证，也可以单独进行。本任务分别采用 PAP 和 CHAP 验证方式，读者可以只选择一项进行。

1. PAP 验证

PAP 验证是一种简单的验证方式，采用明文传输，验证只在开始连接时进行，被验证方先发起连接，将用户名和密码一起发送给验证方，验证方收到被验证方的用户名和密码后，在数据库中查找是否存在此用户名，密码是否匹配，如果匹配，则返回确认信息，通过验证。具体配置如下：

R1（config）#username R2 password 222；设置 R1 的数据库

R1（config）#int s0/0/0

R1（config-if）#ip address 172. 18. 0. 1 255. 255. 255. 252

R1（config-if）#encapsulation ppp；PPP 封装

R1（config-if）#ppp authentication pap；设置验证方式为 PAP

R1（config-if）#ppp pap sent-username R1 password 111；发送给 R2 的用户名和密码

R1（config-if）#clock rate 64000

R1（config-if）#no shut

R1（config-if）#exit

R2（config）#username R1 password 111；设置 R2 的数据库

R2（config）#int s0/0/0

R2（config-if）#ip add 172. 18. 0. 2 255. 255. 255. 252

R2（config-if）#encapsulation ppp；PPP 封装

R2（config-if）#ppp authentication pap；设置验证方式为 PAP；

R2(config-if)#ppp pap sent-username R2 password 222;发送给 R1 的用户名和密码

R2(config-if)#no shut

R2(config-if)#exit

以上配置中，通过命令"username R2 password 222"在 R1 数据库中写入 R2 的用户名和密码 222，对应在 R2 中通过"ppp pap sent-username R2 password 222"设置发送的用户名的密码，两者必须一致方可通过验证。

同样，通过命令"username R1 password 111"在 R2 数据库中写入 R1 的用户名和密码 111，对应在 R1 中通过"ppp pap sent-username R1 password 111"设置发送的用户名的密码，两者必须一致方可通过验证。

完成配置后，使用 ping 命令测试能否到达对方的直连端口，若 ping 正常，则证明验证成功；否则应该细心核对两台路由器的配置是否正确，用户名和密码是否正确。

2. CHAP 验证

CHAP 是 PPP 封装的另一种验证方式，采用握手验证，采用密文传送用户名，验证方和被验证方都有数据库，安全性比 PAP 要高。验证成功的关键在于数据库中的用户名为对方的 hostname，且密码相同。具体配置如下：

R1(config)#username R2 password 111222;设置数据库,保存对方的主机名和密码

R1(config)#int s0/0/0

R1(config-if)#ip add 172. 18. 0. 1 255. 255. 255. 252

R1(config-if)#encapsulation ppp;PPP 封装

R1(config-if)#ppp authentication chap;设置验证方式为 CHAP

R1(config-if)#clock rate 64000

R1(config-if)#no shut

R2(config)#username R1 password 111222

;设置数据库,保存对方的主机名和密码,注意密码和 R1 数据库中的密码一致;

R2(config-if)#int s0/0/0

R2(config-if)#ip add 172. 18. 0. 2 255. 255. 255. 252

R2(config-if)#ppp authentication chap

R2(config-if)#no shut

R2(config-if)#exit

以上配置中，在 R1 中通过命令"username R2 password 111222"在 R1 数据库中写入 R2 的主机名，对应在 R2 中通过命令"username R1 password 111222"在 R2 数据库中写入 R1 的主机名，而且两者密码相同，都是 111222 。符合 CHAP 验证的条件，验证通过。

完成配置后，使用 ping 命令测试能否到达对方的直连端口，若 ping 正常，则证明验证成功；否则应该细心核对两台路由器的配置是否正确，用户名和密码是否正确。

步骤 5　配置 OSPF 路由协议

只要通过了 PPP 验证，那么接下来的 OSPF 配置和任务一就是一模一样的了。读者请参考任务一步骤 5 的配置。

进行 OSPF 配置后，在路由表中可以观察到 OSPF 的条目，表示分公司网络已经进入 R1 路由表中。若路由表正常，则表示 PPP 验证正常，可以互通 OSPF 信息和正常通信，可以进入检测阶段。R1 路由表如下：

```
        172.18.0.0/16 is variably subnetted, 2 subnets, 2 masks
C          172.18.0.0/30 is directly connected, Serial0/0/0
C          172.18.0.2/32 is directly connected, Serial0/0/0
C       192.168.1.0/24 is directly connected, FastEthernet0/0
O       192.168.2.0/24 [110/65] via 172.18.0.2, 00:01:42, Serial0/0/0
```

 技术要点

（1）本任务分别运用了 PPP 封装的两种验证方式：PAP 和 CHAP。

（2）本任务的广域网传输采用 30 位子网掩码，是点对点传输中比较常用的子网掩码，是一种节约 IP 地址的 IP 规划方式。

30 位子网掩码，也就是子网掩码为 255.255.255.252，二进制为 11111111.11111111.11111111.11111100。30 位子网掩码可以理解为在 24 位子网掩码（11111111.11111111.11111111.00000000）的主机位借出 6 位作为网络号，剩下 2 位作为主机号。30 位子网掩码也可以理解为在 16 位子网掩码（11111111.11111111.00000000.00000000）的主机位借出 14 位来作为网络号，剩下 2 位作为主机号。如本例中的 172.18.0.0/30 是在 B 类地址 172.18.0.0/16 的基础上，借出 16 位主机位作为网络号，借出后每个网段可用 IP 地址数为 $2^2 - 2 = 2$ 个，即 172.18.0.1/30 和 172.18.0.2/30，网络号为 172.18.0.0/30，广播号为 172.18.0.3/30。

可见，每个 30 位子网掩码的 IP 网段可用 IP 数为 2 个，刚好作为点对点网络中两端的 IP 地址，减少了子网中 IP 地址的浪费，30 位子网掩码成为点对点传输中常用的子网掩码。

 检测报告及故障排查

本次任务的检测报告和任务一一样，比较简单，需要验证总公司内部设备能够连接分公司内部设备，也就是 PC1 能够成功通过广域网到达 PC2。

验证项目	验证步骤	预期验证结果	实际验证结果	结论
总公司和分公司之间连通性	PC1 ping PC2	通	通/不通	总公司和分公司能够/不能通过广域网进行联通，且通过安全验证。

如果 PC1 能够正常到达 PC2，则可以验证连通性，但是不能说明安全性。读者可以尝

试在 PAP 或者 CHAP 配置中修改其中一方密码，比如在 CHAP 配置中对 R1 的数据库进行以下修改：

R1（config）#no username R2；删除 R1 数据库中 R2 的用户名

在删除 R1 数据库中 R2 的用户名后，把 s0/0/0 关闭，重新打开，发现再也连不上 R2 了，如下：

```
R1#ping 172.18.0.2

Type escape sequence to abort.
Sending 5, 100-byte ICMP Echos to 172.18.0.2, timeout is 2 seconds:
.....
Success rate is 0 percent (0/5)
```

此结果证明了若对方没有响应的用户名，那么验证将会失败，数据将不能通过。

我们再来验证密码是否必须相同。在 R1 中继续对数据库进行修改：

R1（config）#user R2 password aaabbb

同样发现 R1 依然连不上 R2，证明即使对方具有本地的用户名，但是密码不正确，也不能通过验证。

重新把 R2 的用户名和密码 111222 写入 R1 数据库，观察是否重新通过验证：

R1（config）#user R2 password 111222

输入以上命令后，很快出现以下信息：

R1（config）#
%LINEPROTO-5-UPDOWN：Line protocol on Interface Serial0/0/0，changed state to up

以上信息表示验证通过，端口已经打开。在 R1 重新 ping R2，发现 ping 正常，观察路由表，路由表已经学习到对方 192.168.2.0/24 网段，网络恢复正常，如下：

```
R1#ping 172.18.0.2

Type escape sequence to abort.
Sending 5, 100-byte ICMP Echos to 172.18.0.2, timeout is 2 seconds:
!!!!!
Success rate is 100 percent (5/5), round-trip min/avg/max = 31/31/32 ms

R1#show ip route
Codes: C - connected, S - static, I - IGRP, R - RIP, M - mobile, B - BGP
       D - EIGRP, EX - EIGRP external, O - OSPF, IA - OSPF inter area
       N1 - OSPF NSSA external type 1, N2 - OSPF NSSA external type 2
       E1 - OSPF external type 1, E2 - OSPF external type 2, E - EGP
       i - IS-IS, L1 - IS-IS level-1, L2 - IS-IS level-2, ia - IS-IS inter area
       * - candidate default, U - per-user static route, o - ODR
       P - periodic downloaded static route
```

```
Gateway of last resort is not set

     172.18.0.0/16 is variably subnetted, 2 subnets, 2 masks
C       172.18.0.0/30 is directly connected, Serial0/0/0
C       172.18.0.2/32 is directly connected, Serial0/0/0
C    192.168.1.0/24 is directly connected, FastEthernet0/0
O    192.168.2.0/24 [110/65] via 172.18.0.2, 00:02:43, Serial0/0/0
```

若本次任务检测不正常，则通过检测直连路由是否正常来判断是 PPP 验证不正常还是 OSPF 路由不正常。在 R1 中 ping 172.18.0.2，观察是否连接正常。

（1）若 ping 不正常，则是直连网络没有连通，与 OSPF 没有关系。重点排查步骤 4 。细心观察用户名和密码是否设置正常。

（2）若 ping 正常，则排除 PPP 验证的错误。可以观察路由表是否存在 OSPF 路由，若不正常，重点排查步骤 5。

（3）若直连网络正常，OSPF 路由正常，则测试总公司和分公司内部网络是否正常。检查接入设备能否成功到达网关，若不能到达网关，重点排查步骤 1 ~ 3。

命令小结

命令	说明
username 主机名 password 密码	设置本地数据库
ppp authentication pap｜chap	设置 PPP 验证方式为 PAP 或 CHAP
ppp pap sent-username 主机名 password 密码	PAP 验证发送主机名和密码给对方

扩展练习

在以上任务中，我们采用了双向认证的方法，也就是 R1 作为验证方的同时也作为被验证方。R2 也是作为验证方的同时也作为被验证方。双向认证具备了更高的安全性。其实，在安全要求稍低的情况下，也可以采用单向认证。读者可以尝试单向认证，参考代码如下：

（1）PAP 单向认证，R1 作为验证方，R2 作为被验证方。

R1 配置：

hostname R1

username R2 password 0 222

interface Serial0/0/0

ip address 172.18.0.1 255.255.255.252

encapsulation ppp

ppp authentication pap

clock rate 64000

no shut

R2 配置：

hostname R2

interface Serial0/0/0

ip address 172. 18. 0. 2 255. 255. 255. 252

encapsulation ppp

ppp pap sent-username R2 password 0 222

no shut

（2）chap 单向认证，R1 作为验证方，R2 作为被验证方。

R1 配置：

hostname R1

username R2 password 0 111222

interface Serial0/0/0

ip address 172. 18. 0. 1 255. 255. 255. 252

encapsulation ppp

ppp authentication chap

clock rate 64000

no shut

R2 配置：

hostname R2

username R1 password 0 111222

interface Serial0/0/0

ip address 172. 18. 0. 2 255. 255. 255. 252

no shut

项目九　用访问控制列表提高安全性

 任务描述

　　小 A 搭建过园区网、企业网，满足了网络内部连通性的需求；掌握了广域网中常用的封装和验证技术；通过各种生成树、链路聚合等技术提高了网络的稳定性。但是，无论是网络内部还是广域网网络，都面临着安全威胁，如病毒、木马等各种攻击，威胁着网络安全，因此小 A 必须提高网络安全性。提高安全性的技术很多，小 A 先采用最基础的 ACL（Access Control List，访问控制列表）技术。

　　ACL 是网络安全最基础的一道关卡。ACL 提供了一种机制，它可以控制和过滤通过路由器或交换机的各接口去往各方向的信息流。这种机制允许用户使用 ACL 来管理信息流，以制定内部网络的相关安全策略。这些策略可以描述安全功能，并且反映流量的优先级别。

　　本项目中，小 A 在项目七的基础上添加 ACL 以提高企业网安全性，并分为两个任务，分别采用标准 ACL 和扩展 ACL 来满足不同的安全需求。

任务一　使用标准 ACL 提高安全性

 设备清单

　　本任务需要在项目七的基础上增加园区网的安全性，实现方法是在汇聚层或核心层交换机中运用 ACL 技术。ACL 技术在大部分二层交换机、三层交换机、路由器中都可以实现，因此不需要增添额外设备。因此，本任务采用的设备跟任务七是一样的，共需要三台三层交换机。

 技术分析

　　安全性是在连通性和稳定性的基础上进行的，也就是说先搭建好网络再进行安全性设置。本任务沿用项目七的拓扑图，增加安全性的要求。

　　经过和客户的沟通，小 A 发现此园区网中有如下安全需求：

　　园区中放置一台服务器，此服务器需要具备一定权限才能访问。园区中的用户主要来自教学楼和宿舍楼。教学楼的用户一般具备访问服务器的权限，仅有教学楼中几台公共机器不具备访问权限；宿舍楼的用户一般不具备访问权限，但是几台管理员的设备能够访问。这些权限可以用下表表示：

部门	IP 地址或网段	能否访问服务器
一般教学楼的设备	192.168.101.0/24	能
教学楼中的公共设备	192.168.101.200/32	不能
一般宿舍楼的设备	192.168.102.0/24	不能
宿舍楼中的管理员	192.168.102.200/24	能

根据以上安全性要求，小 A 发现目标地址比较单一，都是服务器 192.168.100.101，决定使用标准 ACL 以满足需求。

本任务的新知识和新技能包括：

（1）理解标准 ACL 的作用。

（2）掌握标准 ACL 的配置方法。

（3）理解标准 ACL 的执行过程。

总体步骤

（1）网络拓扑设计，IP 地址设计。

（2）配置园区网连通性。

（3）配置标准 ACL 提高安全性。

实施步骤

步骤 1　网络拓扑设计，IP 地址设计

本任务在项目七的基础上，继续增加其安全性要求。为了更好地模拟项目中的安全性要求，需要在底层添加两台代表性的接入设备。拓扑设计如下图：

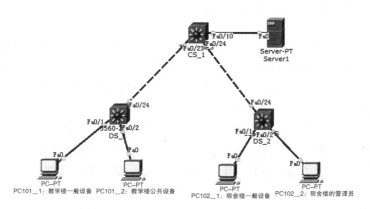

图 9-1

IP 地址方面，我们用最常用的 192.168.×.0/24 网段，其中 × 与 vlan 号相同，便于维护。注意，交换机之间采用三层通信，每条网线采用同一网段的 IP 地址。详细地址分配如下表：

设备名称	连接接口	IP 地址	接入端口/对端设备
CS_1	vlan 100	192.168.100.1/24	接入 f0/10
CS_1	f0/23	192.168.1.1/24	DS_1
CS_1	f0/24	192.168.2.1/24	DS_2
DS_1	f0/24	192.168.1.2/24	CS_1
DS_1	vlan 101	192.168.101.1/24	接入 f0/1-20
DS_2	f0/24	192.168.2.2/24	CS_1
DS_2	vlan 102	192.168.102.1/24	接入 f0/1-20
PC101_1		192.168.101.101/24	DS_1 f0/1
PC101_2		192.168.101.200/24	DS_1 f0/2
PC102_1		192.168.102.101/24	DS_2 f0/1
PC102_2		192.168.102.200/24	DS_2 f0/2

步骤2　配置园区网连通性

由于本项目是在项目七的基础上添加安全性，因此在连通性要求上和项目七是一样的。读者可以参考项目七，采用 RIP 或者 OSPF 正确配置路由。

安全性是在连通性的基础上配置安全性策略，因此，读者还需要根据项目七的检测标准进行检验，以保证整个园区网连通，各台接入设备均能访问服务器。

假如连通性产生问题，则不要进行下一步安全性的操作，否则连通性的错误将会影响到安全性的配置。请读者本着"步步为营"的思想，参考项目七的检测报告进行检测。

步骤3　配置标准 ACL 提高安全性

首先，要确定 ACL 的位置。ACL 是一种包过滤技术，实现对设备的输入或输出数据流进行过滤，当数据通过设备的接入时，设备根据 ACL 判断转发数据流或者拒绝数据流。

因此，配置 ACL 的管理员要心中有数，知道数据是如何流动的，再在数据流动途径的设备上，选取合适的设备配置 ACL。

通过本任务的需求发现，本次要监控的流量都是来源于教学楼和宿舍楼的接入设备，经过汇聚层 DS_1 和 DS_2，共同到达核心层 CS_1，然后到达目标地址 Server1。可以发现，这些数据共同流过的地方是 CS_1，因此可以在 CS_1 配置 ACL，即可达到控制数据流的目的。

我们也可以从另一方面考虑。由于标准 ACL 只能规定源地址，符合源地址的数据流都会受到控制，假如 ACL 位置靠近源地址，那么来自此源地址的数据都会受到控制，流向其他目标地址的数据流也会被错杀。因此，标准 ACL 一般配置在靠近目标地址的位置。本任务中，目标地址是 Server1，与之最靠近的是 CS_1。

确定位置之后，可以根据需要确定 ACL，我们先编写教学楼的 ACL。教学楼网段 192.168.101.0/24 包含了 192.168.101.200/24，ACL 的执行顺序是从上到下执行，如果匹配，那么就不再执行后面的 ACL 条目，因此，我们把被包含的地址范围写在上面，包含小范围的大范围写在下面。因此，我们先得到两条 ACL：

CS_1(config)#ip access-list standard acl1；进入编写标准 ACL 模式，ACL 名称为 ACL1
CS_1(config-std-nacl)#deny host 192.168.101.200；禁止来自源地址为 192.168.101.200 的主机的数据流
CS_1(config-std-nacl)#permit 192.168.101.0 0.0.0.255；允许来自源地址为 192.168.101.0/24 的网段的数据流

对于宿舍楼，也是采取相同的思路，把被包含的范围小的源地址写在上面，范围大的写在下面，于是得到第 3、4 条 ACL。

CS_1(config-std-nacl)#permit host 192.168.102.200
CS_1(config-std-nacl)#deny 192.168.102.0 0.0.0.255

最后，写上 ACL 的默认动作，允许所有数据流通过：

CS_1(config-std-nacl)#permit any

我们来小结一下上面的 ACL：

ip access-list standard　ACL 名称

此命令表示进入 ACL 编辑状态，standard 表示编辑的是标准 ACL，后面写上 ACL 名称，此名称在后续步骤中绑定在端口中。
进入 ACL 编辑状态后，命令提示符变为"(config-std-nacl)#"，在此状态下可以编写若干条 ACL 条目。ACL 条目的格式如下：

｛deny ｜ permit｝　　｛源地址网段 反掩码 ｜ host 主机源地址 ｜ any｝

deny 和 permit 表示动作，deny 表示拒绝数据流，permit 表示允许数据流通过。
动作之后写上源地址，一般表示为"源地址网段 反掩码"的形式，如本例中"permit 192.168.101.0 0.0.0.255"。但是如果源地址是一台主机，可以用"host 主机源地址"的形式，如本例中"deny host 192.168.101.200"。如果允许所有数据流通过，则用 any，如本例中的"permit any"。

需要提醒的是，ACL有严格的顺序关系，每个经过ACL绑定端口的数据流都将会从上到下执行，一旦有条目匹配，将执行相应动作，不再执行后续条目。

ACL编写完后并没有生效，只有绑定在端口后，才开始生效并执行。本ACL绑定在CS_1的F0/10端口的出方向中，由于f0/10不是三层端口无法绑定，因此可以绑定在f0/10所属的vlan 100的三层端口中，命令如下：

CS_1(config)#int vlan 100
CS_1(config-if)#ip access-group acl1 out

命令格式为：

ip access-group ACL 名称｛in ｜ out｝

其中ACL名称是已经编写好的ACL，如果数据从端口流入设备，则方向选择in；如果数据从端口流出设备，则方向选择out。我们可以从源地址出发，画一条带方向的线经过端口到达目标地址，从而判断数据通过端口流入还是流出设备。

编写并绑定ACL后，可以通过以下命令查看ACL：

show ip access-lists

此命令查看所有ACL，如本次结果为：

```
CS_1#show ip access-lists
Standard IP access list acl1
    10 deny host 192.168.101.200
    20 permit 192.168.101.0 0.0.0.255
    30 permit host 192.168.102.200
    40 deny 192.168.102.0 0.0.0.255
    50 permit any
```

可以看到，我们共编写了5条ACL，每条均自动编号。编号便于编辑ACL。

 技术要点

ACL技术在企业网和园区网中被广泛采用，它是一种基于包过滤的流控制技术。ACL通过把源地址、目标地址及端口号作为数据包检查的基本元素，并可以规定符合条件的数据包是否允许通过。

ACL的作用包括：

（1）内网部署安全策略，保证内网安全权限的资源访问。

（2）内网访问外网时，进行安全的数据过滤。

（3）防止常见病毒、木马、攻击对用户的破坏。

目前常见的 ACL 包括标准 ACL 和扩展 ACL。标准 ACL 只能根据源地址判断数据包是否允许通过，可以阻止来自某一网络的所有通信流量，或者允许来自某一特定网络的所有通信流量。扩展 ACL 比标准 ACL 提供了更广泛的控制范围，扩展 ACL 可以根据协议类型、源地址、源端口、目标地址、目标端口等信息较为精确地控制流量是否允许通过，例如控制 WEB 通信、FTP 流量等协议的数据包。在任务一中我们采用标准 ACL，任务二中采用扩展 ACL。

ACL 由一条或多条 ACL 条目构成，各条目的编写顺序会影响到 ACL 的结果。ACL 是按照自上而下的顺序执行，从第一个 ACL 条目开始进行判断，若匹配成功马上执行相应动作，不再判断后续条目；若不匹配则进行下一条目的判断。执行顺序可以用下图表示。

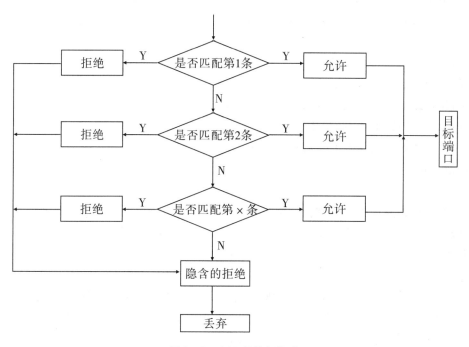

图 9 - 2　ACL 的执行顺序

对于标准 ACL，由于只能根据源 IP 地址匹配数据包，故应尽量部署在靠近目标地址的地方，以避免过早截断来自该源地址的其他合法访问。

检测报告及故障排查

在连通性正常的情况下，根据安全性需求，逐个检测代表性设备连接服务器的情况，检测表如下：

部门	代表性设备	能否访问服务器（预期结果）	能否访问服务器（实际结果）	结论
一般教学楼的设备	PC101_1	能	能/不能	能/不能达到安全性需求
教学楼中的公共设备	PC101_2	不能	能/不能	
一般宿舍楼的设备	PC102_1	不能	能/不能	
宿舍楼中的管理员	PC102_2	能	能/不能	

关于 ACL 的错误排查，必须确定是 ACL 错误还是连通性错误，因此在配置 ACL 之前仔细检查连通性是非常有必要的。如果连通性出现问题，则先忽略 ACL，按照以往的排查方法进行错误排查；若连通性正常，则对 ACL 进行重点排查。

ACL 排查需要注意 ACL 的顺序问题，同样的 ACL 条目但是不同的 ACL 顺序将会导致不同的结果。比如，本任务正确的 ACL 为：

```
ip access-list standard acl1
deny host 192. 168. 101. 200
permit 192. 168. 101. 0 0. 0. 0. 255
permit host 192. 168. 102. 200
deny 192. 168. 102. 0 0. 0. 0. 255
permit any
```

读者可以模拟需求中的数据流，跟踪数据流匹配哪一条 ACL 条目，执行何种动作。比如，假设来自宿舍楼的设备 192. 168. 102. 100 流出 CS_1 的 vlan 100 端口，则此交换机检测此数据流，从上往下一次检测，首先执行第一条，192. 168. 102. 100 不等于 192. 168. 101. 200，不执行动作；继续执行第二条，192. 168. 102. 100 不属于 192. 168. 101. 0/24 网段，也不执行动作；继续执行第三条，192. 168. 102. 100 不等于 192. 168. 102. 200，不执行动作；继续执行第四条，192. 168. 102. 100 属于192. 168. 102. 0/24，执行拒绝动作，ACL 检测结束。此过程和预期一样，拒绝了来自 192. 168. 102. 100 的数据。

假如编写为：

```
ip access-list standard acl1
permit any
deny host 192. 168. 101. 200
permit 192. 168. 101. 0 0. 0. 0. 255
permit host 192. 168. 102. 200
deny 192. 168. 102. 0 0. 0. 0. 255
```

这将会出现完全不一样的结果。我们继续假设来自宿舍楼的设备 192. 168. 102. 100 流出 CS_1 的 vlan 100 端口，CS_1 检测此数据，首先执行第一条，192. 168. 102. 100 属于任何设备，因此执行第一条的动作 permit，允许数据通过，ACL 检测结束。此过程并不执行第 2～5 条 ACL 条目，和预期结果不一致，导致了错误的结果。

从以上例子可以看到，ACL 的顺序有如下特点：把范围小的放在上面，包含小范围的大范围放在下面。

排查 ACL 的错误时，读者可以假设若干代表性的数据流，从上往下依次模拟整个 ACL 检测过程，分析 ACL 动作是否和预期一致。若不一致，则找出是哪一条 ACL 条目导致了错误并进行修改。

命令小结

命令	说明
ip access-list standard acl 名称	进入编写标准 ACL 模式
｛deny｜permit｝｛源地址网段 反掩码 ｜host 主机源地址 ｜any｝	编写标准 ACL 条目，deny 表示拒绝，permit 表示允许，any 为任意地址，host 为主机
ip access-group ACL 名称 ｛in｜out｝	绑定 ACL 到端口，in 表示入方向，out 表示出方向

任务二　使用扩展 ACL 提高安全性

设备清单

任务二需要在项目七的基础上进行更加精确的安全性控制，其方法是采用扩展 ACL 来实现。扩展 ACL 是 ACL 的一种，在大部分二层交换机、三层交换机、路由器中都可以实现，因此不需要增添额外设备。因此，本任务采用的设备跟任务七是一样的，共需要三台三层交换机。

技术分析

在任务一中我们使用了标准 ACL 来提高网络安全性。标准 ACL 可以根据数据包的源地址定义规则，进行数据包的过滤。但是在某些情况下，我们需要更加精确地根据数据包的源地址、目标地址、协议类型、源端口、目标端口来控制数据流。这个时候标准 ACL 就无能为力了，我们只能采取控制更为精确的扩展 ACL 来完成。

比如，在任务一中，宿舍楼一般设备不能够访问服务器。但是如果需求发生改变，宿舍楼一般设备可以有限制地访问服务器，允许它们访问服务器中的 WEB 服务，而不允许访问其他服务，这个时候只能采用扩展 ACL 来解决。

针对宿舍楼的安全性需求，可以用下表来表示：

初始编号	安全性描述	动作	协议类型	源地址	源端口	目标地址	目标端口
1	宿舍楼所有设备可以访问服务器的 WEB 服务	允许	TCP	192. 168. 102. 0/24	任何端口	192. 168. 100. 101/32	80
2	宿舍楼一般设备不能访问服务器的其他服务	拒绝	IP	192. 168. 102. 0/24	任何端口	192. 168. 100. 101/32	任何端口
3	宿舍楼中的管理员不作限制	允许	IP	192. 168. 102. 200/32	任何端口	192. 168. 100. 101/32	任何端口

本任务的新知识和新技能包括：
（1）理解扩展 ACL 的作用。
（2）掌握扩展 ACL 的配置方法。
（3）理解扩展 ACL 的执行过程。

 总体步骤

（1）网络拓扑设计，IP 地址设计。
（2）配置园区网连通性。
（3）配置扩展 ACL 提高安全性。

 实施步骤

步骤 1   网络拓扑设计，IP 地址设计

本任务与任务一采用同样的拓扑结构和 IP 地址设计。

步骤 2   配置园区网连通性

和任务一一样，采用 RIP 或者 OSPF 正确配置路由，让整个园区网互通，然后根据项目七的检测标准进行检验，以保证整个园区网连通，各台接入设备均能访问服务器。

本任务还会用到 Server1 的 WEB 服务，因此需要重点监测 WEB 服务器能否正常使用。

点击 Server1，选择 Config 选项卡，在左侧 SERVICES 中选择 HTTP，确保 HTTP 服务已经开始。为了把 Server1 与其他服务器区别开来，在 index. html 中添加"This is my http server."作为标志。设置如图 9-3 所示：

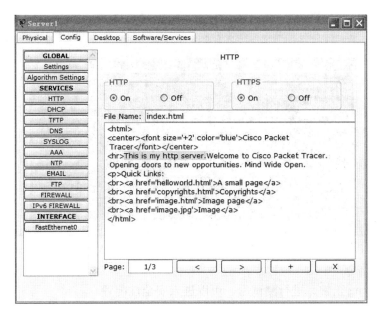

图 9 - 3 在 HTTP 服务器中进行标记

在 PC102_1 进行 WEB 服务。点击 PC102_1，进入 Desktop 选项卡，点击 Web Browser 浏览器，在 URL 输入 Server1 的 IP 地址 192.168.100.101，可以看到返回到 Server1 的 HT-TP 页面，出现了"This is my http server."标记，证明了访问的是经过我们修改的 Server1，如图 9 - 4 所示：

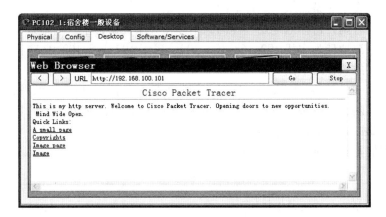

图 9 - 4 用 PC102_1 访问 Server1

然后在 PC102_1 对 Server1 服务器进行 ping 测试，如图 9 - 5 所示：

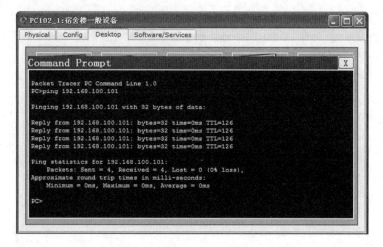

图 9 – 5　用 PC102_1 ping Server1

结果显示 ping 正常。进行测试后，可以进入安全性配置。

步骤 3　配置扩展 ACL 提高安全性

1. 确定 ACL 顺序

扩展 ACL 的执行顺序与标准 ACL 一样，从上到下执行，如果匹配，那么就不再执行后面的 ACL 条目，因此，我们把被包含的地址范围写在上面，包含小范围的大范围写在下面。于是我们根据范围大小，重新根据需求确定顺序。

现在分析上表中 3 条需求的地址范围大小关系。

从表中可以看到，目标地址是一样的，不存在大小关系，主要的地址范围大小区别在源地址，第三条源地址为主机 192.168.102.200，属于 192.168.102.0/24 网段，因此第三条的范围最小，故放在最上面。

然后确定第一二条的范围大小。这两条的源地址和目标地址都一样，所以根据源地址和目标地址来判断，第一条的目标端口是一个 TCP 端口 80，而第二条的目标端口是任何端口，因此，第一条的范围小于第二条。

所以，我们重新编排 ACL 条目的顺序，见下表：

重排编号	安全性描述	动作	协议类型	源地址	源端口	目标地址	目标端口
1	宿舍楼中的管理员不作限制	允许	IP	192.168.102.200/32	任何端口	192.168.100.101/32	任何端口
2	宿舍楼所有设备可以访问服务器的 WEB 服务	允许	TCP	192.168.102.0/24	任何端口	192.168.100.101/32	80
3	宿舍楼一般设备不能访问服务器的其他服务	拒绝	IP	192.168.102.0/24	任何端口	192.168.100.101/32	任何端口

2. 确定 ACL 位置和端口

由于扩展 ACL 能够精确过滤数据包，只需要绑定在传输路径上任意位置。但是，从解决网络资源的角度看，尽快过滤掉无用的数据包，可以让后续设备不需要传输被过滤掉的数据包。因此，扩展 ACL 一般绑定在靠近源地址的端口。以上 ACL 的源地址都是在 DS_2 的三层端口 vlan 102，流入交换机，方向为 in。

3. 根据五元组编写 ACL

扩展 ACL 是一种灵活的安全防护手段。与标准 ACL 不同，标准 ACL 只能根据源地址进行包过滤，而扩展 ACL 可以根据五元组进行包过滤。五元组是指数据包的以下五个字段：

（1）源 IP 地址字段。

（2）目标 IP 地址字段。

（3）协议地址字段，如 TCP、UDP、ICMP、IP。

（4）TCP 或 UDP 的源端口。

（5）TCP 或 UDP 的目标端口。

编写扩展 ACL 条目的时候，只需确定五元组，即可编写一条扩展 ACL。

DS_2（config）#ip access-list extended acl101

;进入编写扩展 ACL 模式,ACL 名称为 ACL101

DS_2（config-ext-nacl）#permit ip host 192. 168. 102. 200 host 192. 168. 100. 101

;允许源地址为主机 192. 168. 102. 200,目标地址为主机 192. 168. 100. 101 的所有 IP 数据流

IP 协议包括 TCP、UDP、ICMP 等协议，包括所有数据流，不需要指定源端口和目标端口。

当地址是一台主机的时候，可以用 host 来表示。

用同样方法，根据五元组编写第二条 ACL。

DS_2（config-ext-nacl）#permit tcp 192. 168. 102. 0 0. 0. 0. 255 host 192. 168. 100. 101 eq 80;允许源地址为 192. 168. 102. 0/24 网段,目标地址为主机 192. 168. 100. 101,TCP 协议目标端口为 80 的数据流。

默认状态下，WEB 服务采用 TCP 的 80 号端口，即客户端的浏览器连接目标 WEB 服务器的 TCP80 号端口，因此，源地址为 192. 168. 102. 0/24，源端口不需要指定。目标地址是一台主机，因此用 host 来表示，目标地址之后用 eq 表示端口。

接着编写第三条 ACL。

DS_2（config-ext-nacl）#deny ip 192. 168. 102. 0 0. 0. 0. 255 host 192. 168. 100. 101

第三条 ACL 和第二条 ACL 的源地址和目标地址是一样的，不同的是第三条禁止了所

有 IP 数据流，综合第二条和第三条看，ACL 从上往下执行，仅有目标端口为 80 的 TCP 数据允许通过，其余由第三条全部禁止。

最后，为了防止其他数据被错杀，可以编写第四条 ACL，进行默认动作为允许。

DS_2(config-ext-nacl)#permit ip any any

4. 绑定端口，确定方向

vlan 102 的数据通过三层端口流入 DS_2，因此在 int vlan 102 的 in 方向绑定 ACL。

DS_2(config-if)#ip access-group acl101 in

 技术要点

扩展 ACL 和标准 ACL 一样，遵循相同的执行顺序。扩展 ACL 的区别在于可以精确指定协议类型、源地址、源端口、目标地址、目标端口的数据。如协议类型可以指定为 TCP、UDP、ICMP、IP 等。IP 地址包括 TCP、UDP、ICMP 等，如果拒绝了 IP 协议数据，TCP、UDP、ICMP 的数据都将会被拒绝。对于 TCP 和 UDP 协议，还可以指定 TCP 或 UDP 端口号。如需要控制 WEB 服务，则可以控制 TCP 的 80 号端口；需要控制 FTP 服务，则可以控制 TCP 的 20 和 21 端口。

以下是 Cisco Packet Tracer 实验中常见的端口号：

传输层协议	应用层端口号	应用层协议名称
TCP	53	DNS 域名系统协议
	20 21	FTP 文件传送协议
	110	POP3 邮局协议
	25	SMTP 简单邮件传送协议
	23	TELNET 远程登录协议
	80	HTTP 超文本传输协议
UDP	161	SNMP 简单网络管理协议
	69	TFTP 简单文件传输协议

在网络中部署扩展 ACL 时，需要慎重考虑部署的位置。如果一个网络中有多台路由器或交换机，应该在最靠近源的地方应用 ACL，这样可以减少网络中不必要的流量转发。

 检测报告及故障排查

扩展 ACL 设计的安全性需求比较复杂，需要严格的逻辑进行验证。我们可以根据需求，选取代表性的设备和服务来进行验证。如本任务中，用 PC102_1 表示所有一般设备，用 PC102_2 表示管理员设备，用浏览器访问 HTTP 服务表示 WEB 服务，用 ping 命令表示其他服务。

根据需求表，逐个对验证项目进行验证，设计检测报告如下：

验证项目	子步骤	预期结果	实际结果
宿舍楼所有设备可以访问服务器的 WEB 服务	PC102_1 用浏览器访问服务器 192.168.100.101	能够浏览网页	
	PC102_2 用浏览器访问服务器 192.168.100.101	能够浏览网页	
宿舍楼一般设备不能访问服务器的其他服务	PC102_1 ping 192.168.100.101	不能 ping 通	
宿舍楼中的管理员不作限制	PC102_2 ping 192.168.100.101	能 ping 通	

排查扩展 ACL 错误时的思路和排查标准 ACL 错误的思路是一致的，可以假设若干代表性的数据流，规定好源地址、目标地址、协议类型、源端口和目标端口这五元组，从上往下依次模拟整个 ACL 检测过程，分析 ACL 动作是否和预期一致。若不一致，则找出是哪一条 ACL 条目导致了错误并进行修改。

扩展 ACL 与标准 ACL 一样，编写的时候注意做到"把范围小的放在上面，包含小范围的大范围在下面"。相比标准 ACL，扩展 ACL 除了检测源地址之外，还会检测目标地址、协议类型、源端口和目标端口。因此，判断 ACL 条目的范围需要更加仔细，比如，在源地址、源端口、目标地址、目标端口都相同的情况下，IP 协议范围要比 TCP 或 UDP 某个端口的范围要大，因此 IP 协议所属的 ACL 条目需要写在下面，TCP 或 UDP 的条目写在上面。例如本任务中，第二条 ACL 条目 permit tcp 192.168.102.0 0.0.0.255 host 192.168.100.101 eq 80 与第三条 ACL 条目 deny ip 192.168.102.0 0.0.0.255 host 192.168.100.101 就属于源地址、源端口、目标地址、目标端口都相同的情况。假如第二条与第三条顺序调换了，将会导致来自 192.168.102.0/24 目标为 192.168.100.101 主机的 TCP 80 号报文被错杀。读者在此地方需要重点注意与排查。

命令小结

命令	说明
ip access-list extended ACL 名称	进入编写标准扩展模式
｛permit｜deny｝ ｛协议类型｝ ｛源地址 反掩码｝ ｛源端口｝ ｛目标地址 反掩码｝ ｛目标端口｝	编写扩展 ACL 条目，deny 表示拒绝，permit 表示允许，any 为任意地址，host 为主机

扩展练习

本扩展练习我们在项目九任务二的基础上完成。在项目九中我们已经完成了广域网的配置，并完成了 OSPF 等路由配置。我们在原有网络中增加一台服务器 Server0，接入 S1 的 f0/2 端口，配置 IP 地址为 192.168.1.200/24。由于 S1 的所有端口都属于同一网段，我们不需要增加任何配置，即可实现分公司访问 Server0 以及 Server0 的 HTTP 服务器访问。拓扑图见图 9－6。

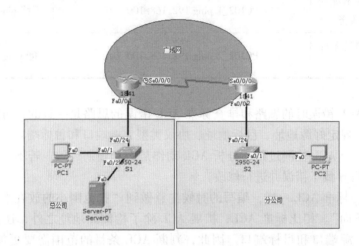

图 9－6 ACL 扩展任务

我们进行"步步为营"的验证，验证 PC2 能够访问 Server0 以及 Server0 的 HTTP 服务，见图 9－7 以及图 9－8。

```
PC2
Physical   Config   Desktop   Software/Services

Command Prompt                                    X

PC>ping 192.168.1.200

Pinging 192.168.1.200 with 32 bytes of data:

Reply from 192.168.1.200: bytes=32 time=1ms TTL=126
Reply from 192.168.1.200: bytes=32 time=1ms TTL=126
Reply from 192.168.1.200: bytes=32 time=1ms TTL=126
Reply from 192.168.1.200: bytes=32 time=1ms TTL=126

Ping statistics for 192.168.1.200:
    Packets: Sent = 4, Received = 4, Lost = 0 (0% loss),
Approximate round trip times in milli-seconds:
    Minimum = 1ms, Maximum = 1ms, Average = 1ms

PC>
PC>
PC>
PC>
PC>
PC>
PC>
PC>
PC>
PC>
```

图 9－7 PC2 能够 ping 通 Server0

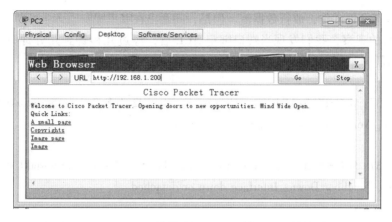

图 9 - 8　PC2 能够访问 Server0 的 HTTP 服务

本扩展练习的需求是：为了保障总公司的网络安全，仅允许分公司访问总公司的 Server0 的 HTTP 服务，其他流入总公司的通信一律禁止，请在总公司路由器 RA 上编写 ACL 以保证其安全。

读者可以根据此需求，编写 ACL 并绑定在端口上。

于是，我们很容易得出以下扩展 ACL：

```
ip access-list extended acltcp80
permit tcp 192. 168. 2. 0 0. 0. 0. 255 host 192. 168. 1. 200 eq www
deny ip any any
interface Serial0/0/0
ip access-group acltcp80 in
```

然后我们按照需求进行测试。根据需求，在分公司的 PC2 可以通过浏览器访问 Server0，但不能 ping 通 Server0。马上测试，实际结果与预期相同，但是，奇怪的事情在几秒钟到几分钟之后发生了。重新测试，测试结果却是浏览器访问失败，见图 9 -9：

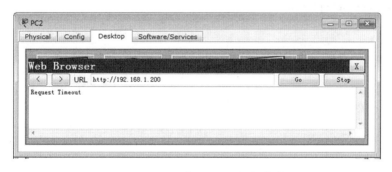

图 9 - 9　PC2 访问 HTTP 服务失败

当测试结果与预期结果不一致时，我们需要排查错误。按照从上到下的顺序模拟 ACL 执行过程，确定第一条 ACL 条目 permit tcp 192. 168. 2. 0 0. 0. 0. 255 host 192. 168. 1. 200 eq www

已经命中，执行允许动作，放行数据流。但是，问题出在哪里呢？

经过认真的观察，我们发现当端口绑定 ACL 后，经过几秒钟到几分钟时间，R1 出现了以下提示信息：

00：09：37：% OSPF-5-ADJCHG：Process 1，Nbr 192. 168. 2. 1 on Serial0/0/0 from FULL to DOWN, Neighbor Down：Dead timer expired

00：09：37：% OSPF-5-ADJCHG：Process 1，Nbr 192. 168. 2. 1 on Serial0/0/0 from FULL to DOWN, Neighbor Down：Interface down or detached

于是我们根据提示信息，怀疑 OSPF 发生了错误，进一步检查 R1 的路由表。

```
        172.18.0.0/16 is variably subnetted, 2 subnets, 2 masks
C          172.18.0.0/30 is directly connected, Serial0/0/0
C          172.18.0.2/32 is directly connected, Serial0/0/0
C      192.168.1.0/24 is directly connected, FastEthernet0/0
R1#
```

我们发现 OSPF 路由条目已经不见了。原来，导致 PC2 浏览器访问失败的原因在于路由表。那么为什么 ACL 会导致路由表消失呢？原来，OSPF 也是一种数据流，当来自 R2 通向 R1 的 OSPF 报文进入端口 s0/0/0 时，命中了第二条 ACL：deny ip any any，执行了拒绝动作。于是，OSPF 条目也随之消失了。那么，为了既符合安全需求，又要保证 OSPF 协议正常通行，参考 ACL 如下：

ip access-list extended acltcp80

permit tcp 192. 168. 2. 0 0. 0. 0. 255 host 192. 168. 1. 200 eq www

permit ospf any any

deny ip any any

interface Serial0/0/0

ip access-group acltcp80 in

项目十　网络出口搭建

任务描述

小 A 已经具备了搭建安全、稳定的园区网和企业网的能力了。无论是园区网还是企业网，都有一个基本的需求，就是内部设备要求访问 Internet，部分企业还需要把内部服务器对 Internet 提供服务。

NAT（Network Address Translation，网络地址转换）是应用在网络出口的最常用技术，它把企业内部自行定义的私有 IP 地址转换为 Internet 上的公网 IP。通过地址转换，可以缓解当今 IPv4 地址数量短缺的问题。一方面，企业从 ISP 申请一个或者少量的 IP 地址，企业内部的设备转换到这些 IP 地址，相当于多个内网地址转换到少量的公网地址，这就是动态地址转换。另一方面，企业内部搭建的服务器，需要有限制地安全地对外网提供服务，NAT 就把此服务器的内网地址转换为 ISP 申请的外网 IP 地址，这就是静态地址转换。

可以看到，NAT 是从一个地址空间转换到另一个地址空间。NAT 将网络划分为内部网络和外部网络两部分。因此，NAT 运用到企业网络的出口，出口外部是 Internet，出口内部就是内网，出口通常由路由器或防火墙承担。本书中介绍路由器的 NAT 功能。

在当今 IPv4 环境下，几乎所有的网络出口都会运用到 NAT，它是最基本的网络知识和技能。本项目分为两个任务，分别完成静态 NAT 和动态 NAT 的学习。

任务一　用静态 NAT 实现内部服务器对外提供服务

设备清单

NAT（网络地址转换）广泛应用于各种类型的网络中，既解决了 IP 地址不足的问题，又能够有效地避免来自网络外部的攻击，隐藏并保护网络内部的设备。NAT 一般在出口路由器或者出口防火墙中实现。因此，本任务采用一台路由器充当网络出口，另一台路由器模拟 Internet 中的路由器，企业内部继续采用任务七的企业内部网络。因此，本任务需要两台路由器、三台三层交换机。

技术分析

网络出口把网络划分为内部网络和外部网络两部分。内部网络就是小 A 在以往任务中完成的内容，外部网络就是 Internet。因此，内部网络采用小 A 已经掌握的各种技术。

内部网络搭建了一台 WEB 服务器，外部网络需要采用公网的 IP 地址访问此服务器的

WEB 服务，此园区专门向 ISP 申请了一个静态 IP 地址 202.1.1.3 来发布 WEB 网站以及 FTP 服务。此功能需要运用到静态 NAT 技术，这是本任务的主要挑战。

因此本任务已经掌握的知识和技能是内部网络各种技术，包括连通性、安全性和稳定性技术。

静态 NAT 技术是本任务的挑战，本任务的新知识和技能是：

（1）掌握静态 NAT 协议的配置。

（2）了解静态 NAT 的地址转换过程。

总体步骤

（1）网络拓扑设计，IP 地址设计。

（2）配置内部网络，确保服务器到达出口的内部接口。

（3）配置外部网络，确保出口到达 Internet。

（4）配置静态 NAT。

实施步骤

步骤 1　网络拓扑设计，IP 地址设计

园区内部网络我们继续沿用项目七的网络拓扑和 IP 地址设计，然后在此园区网添加网络出口路由器 R_Lan。出口路由器 R_Lan 连接模拟 ISP（Internet 服务提供商）的一台路由器 R_Internet，并用一台计算机 PC_Internet 代表 Internet 上的一台设备。

拓扑图如下：

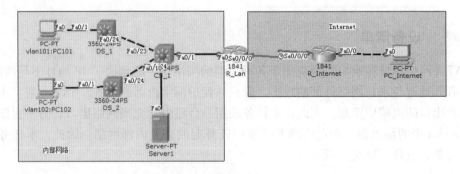

图 10－1

IP 地址方面，内网采用最常用的 192.168.×.0/24 网段，其中 × 与 vlan 号相同，便于维护。新增 192.168.3.0/24 网段连接核心交换机 CS_1 和出口路由器 R_Lan。出口路由器 R_Lan 以公网 IP 地址 202.1.1.2 连接 ISP，详细地址分配如下表：

设备名称	连接接口	IP 地址	接入端口/对端设备
CS_1	vlan 100	192. 168. 100. 1/24	接入 f0/10
CS_1	f0/23	192. 168. 1. 1/24	DS_1
CS_1	f0/24	192. 168. 2. 1/24	DS_2
DS_1	f0/24	192. 168. 1. 2/24	CS_1
DS_1	vlan 101	192. 168. 101. 1/24	接入 f0/1 - 20
DS_2	f0/24	192. 168. 2. 2/24	CS_1
DS_2	vlan 102	192. 168. 102. 1/24	接入 f0/1-20
DS_1	f0/1	192. 168. 3. 2/24	R_Lan
R_Lan	f0/0	192. 168. 3. 1/24	CS_1
R_Lan	s0/0/0	202. 1. 1. 2	R_Internet
R_Internet	s0/0/0	202. 1. 1. 1	R_Lan
R_Internet	f0/0	62. 1. 1. 1	PC_Internet

步骤2　配置内部网络，确保服务器到达出口的内部接口

由于内部网络采用了项目七中的设计，因此配置不需要作太多修改，按照项目七任务二进行重新配置，即可完成内网和服务器到达网络出口。

DS_ 1 的所有配置如下：

DS_1#show run
Building configuration. . .

Current configuration：1908 bytes
!
version 12. 2
no service timestamps log datetime msec
no service timestamps debug datetime msec
no service password-encryption
!
hostname DS_1
!
ip routing
!
!
spanning-tree mode pvst
!

```
!
interface FastEthernet0/1
switchport access vlan 101
!
interface FastEthernet0/2
switchport access vlan 101
!
interface FastEthernet0/3
switchport access vlan 101
!
interface FastEthernet0/4
switchport access vlan 101
!
interface FastEthernet0/5
switchport access vlan 101
!
interface FastEthernet0/6
switchport access vlan 101
!
interface FastEthernet0/7
switchport access vlan 101
!
interface FastEthernet0/8
switchport access vlan 101
!
interface FastEthernet0/9
switchport access vlan 101
!
interface FastEthernet0/10
switchport access vlan 101
!
interface FastEthernet0/11
switchport access vlan 101
!
interface FastEthernet0/12
switchport access vlan 101
!
interface FastEthernet0/13
switchport access vlan 101
```

```
!
interface FastEthernet0/14
switchport access vlan 101
!
interface FastEthernet0/15
switchport access vlan 101
!
interface FastEthernet0/16
switchport access vlan 101
!
interface FastEthernet0/17
switchport access vlan 101
!
interface FastEthernet0/18
switchport access vlan 101
!
interface FastEthernet0/19
switchport access vlan 101
!
interface FastEthernet0/20
switchport access vlan 101
!
interface FastEthernet0/21
!
interface FastEthernet0/22
!
interface FastEthernet0/23
!
interface FastEthernet0/24
no switchport
ip address 192. 168. 1. 2 255. 255. 255. 0
duplex auto
speed auto
!
interface GigabitEthernet0/1
!
interface GigabitEthernet0/2
!
interface vlan1
```

```
no ip address
shutdown
!
interface vlan101
ip address 192. 168. 101. 1 255. 255. 255. 0
!
router ospf 1
log-adjacency-changes
network 192. 168. 1. 0 0. 0. 0. 255 area 0
network 192. 168. 101. 0 0. 0. 0. 255 area 0
!
ip classless
!
!
!
line con 0
!
line aux 0
!
line vty 0 4
login
!
!
!
end
```

DS_ 2 的所有配置如下：

```
DS_2#show run
Building configuration. . .

Current configuration：1908 bytes
!
version 12. 2
no service timestamps log datetime msec
no service timestamps debug datetime msec
no service password-encryption
!
hostname DS_2
```

```
!
ip routing
!
spanning-tree mode pvst
!
interface FastEthernet0/1
switchport access vlan 102
!
interface FastEthernet0/2
switchport access vlan 102
!
interface FastEthernet0/3
switchport access vlan 102
!
interface FastEthernet0/4
switchport access vlan 102
!
interface FastEthernet0/5
switchport access vlan 102
!
interface FastEthernet0/6
switchport access vlan 102
!
interface FastEthernet0/7
switchport access vlan 102
!
interface FastEthernet0/8
switchport access vlan 102
!
interface FastEthernet0/9
switchport access vlan 102
!
interface FastEthernet0/10
switchport access vlan 102
!
interface FastEthernet0/11
switchport access vlan 102
!
interface FastEthernet0/12
```

```
switchport access vlan 102
!
interface FastEthernet0/13
switchport access vlan 102
!
interface FastEthernet0/14
switchport access vlan 102
!
interface FastEthernet0/15
switchport access vlan 102
!
interface FastEthernet0/16
switchport access vlan 102
!
interface FastEthernet0/17
switchport access vlan 102
!
interface FastEthernet0/18
switchport access vlan 102
!
interface FastEthernet0/19
switchport access vlan 102
!
interface FastEthernet0/20
switchport access vlan 102
!
interface FastEthernet0/21
!
interface FastEthernet0/22
!
interface FastEthernet0/23
!
interface FastEthernet0/24
no switchport
ip address 192. 168. 2. 2 255. 255. 255. 0
duplex auto
speed auto
!
interface GigabitEthernet0/1
```

```
!
interface GigabitEthernet0/2
!
interface vlan1
no ip address
shutdown
!
interface vlan102
ip address 192. 168. 102. 1 255. 255. 255. 0
!
router ospf 1
log-adjacency-changes
network 192. 168. 2. 0 0. 0. 0. 255 area 0
network 192. 168. 102. 0 0. 0. 0. 255 area 0
!
ip classless
!
!
line con 0
!
line aux 0
!
line vty 0 4
login
!
end
```

CS_ 1 的原有配置如下：

```
CS_1#show run
Building configuration. . .

Current configuration：1492 bytes
!
version 12. 2
no service timestamps log datetime msec
no service timestamps debug datetime msec
no service password-encryption
!
```

```
hostname CS_1
!
ip routing
!
spanning-tree mode pvst
!
interface FastEthernet0/1
!
interface FastEthernet0/2
!
interface FastEthernet0/3
!
interface FastEthernet0/4
!
interface FastEthernet0/5
!
interface FastEthernet0/6
!
interface FastEthernet0/7
!
interface FastEthernet0/8
!
interface FastEthernet0/9
!
interface FastEthernet0/10
switchport access vlan 100
!
interface FastEthernet0/11
!
interface FastEthernet0/12
!
interface FastEthernet0/13
!
interface FastEthernet0/14
!
interface FastEthernet0/15
!
interface FastEthernet0/16
!
```

```
interface FastEthernet0/17
!
interface FastEthernet0/18
!
interface FastEthernet0/19
!
interface FastEthernet0/20
!
interface FastEthernet0/21
!
interface FastEthernet0/22
!
interface FastEthernet0/23
no switchport
ip address 192. 168. 1. 1 255. 255. 255. 0
duplex auto
speed auto
!
interface FastEthernet0/24
no switchport
ip address 192. 168. 2. 1 255. 255. 255. 0
duplex auto
speed auto
!
interface GigabitEthernet0/1
!
interface GigabitEthernet0/2
!
interface vlan1
no ip address
shutdown
!
interface vlan100
ip address 192. 168. 100. 1 255. 255. 255. 0
!
router ospf 1
log-adjacency-changes
network 192. 168. 100. 0 0. 0. 0. 255 area 0
network 192. 168. 1. 0 0. 0. 0. 255 area 0
```

```
network 192. 168. 2. 0 0. 0. 0. 255 area 0
!
ip classless
!
line con 0
!
line aux 0
!
line vty 0 4
login
!
!
!
end
```

接着，由于内网添加了网络出口 R_Lan，因此需要在 CS_1 添加连接 R_Lan 的配置，并在 OSPF 进程新增通告此网段：

```
CS_1(config)#int f0/1
CS_1(config-if)#no switchport
CS_1(config-if)#ip add 192. 168. 3. 2 255. 255. 255. 0
CS_1(config-if)#no shut
CS_1(config-if)#exit
CS_1(config)#router ospf 1
CS_1(config-router)#network 192. 168. 3. 0 0. 0. 0. 255 area 0
CS_1(config-router)#exit
CS_1(config)#
```

然后，配置出口路由器 R_Lan，因此出口路由器连接了网络内部和网络外部，因此内部端口 f0/0 按照内网配置，s0/0/0 按照外网配置，下面我们先配置内网端口：

```
Router#conf t
Router(config)#host R_Lan
R_Lan(config)#int f0/0
R_Lan(config-if)#ip add 192. 168. 3. 1 255. 255. 255. 0
R_Lan(config-if)#no shut
```

然后进行 OSPF 配置，在 OSPF 中，宣告内网网段 192.168.3.0/24：

R_Lan(config)#router ospf 1

R_Lan(config-router)#network 192. 168. 3. 0 0. 0. 0. 255 area 0

R_Lan(config-router)#exit

至此，内网配置基本完成，查看 R_Lan 的路由表如下，可知出口路由表可以到达内网所有网段：

```
O    192.168.1.0/24 [110/2] via 192.168.3.2, 00:00:13, FastEthernet0/0
O    192.168.2.0/24 [110/2] via 192.168.3.2, 00:00:13, FastEthernet0/0
C    192.168.3.0/24 is directly connected, FastEthernet0/0
O    192.168.100.0/24 [110/2] via 192.168.3.2, 00:00:13, FastEthernet0/0
O    192.168.101.0/24 [110/3] via 192.168.3.2, 00:00:13, FastEthernet0/0
O    192.168.102.0/24 [110/3] via 192.168.3.2, 00:00:13, FastEthernet0/0
```

同样，可以查看 CS_1、DS_1、DS_2 的路由表，它们具有 OSPF 条目到达内网所有网段。

由于本任务需要把服务器 Server1 发布到外网，因此 Server1 此时必须能够成功到达 R_Lan 的内网接口，才能进行后续的地址转换。以下用 ping 命令测试 Server1 是否能够到达 R_Lan。

```
SERVER>ping 192.168.3.1

Pinging 192.168.3.1 with 32 bytes of data:

Reply from 192.168.3.1: bytes=32 time=0ms TTL=254
Reply from 192.168.3.1: bytes=32 time=0ms TTL=254
Reply from 192.168.3.1: bytes=32 time=0ms TTL=254
Reply from 192.168.3.1: bytes=32 time=0ms TTL=254

Ping statistics for 192.168.3.1:
    Packets: Sent = 4, Received = 4, Lost = 0 (0% loss),
Approximate round trip times in milli-seconds:
    Minimum = 0ms, Maximum = 0ms, Average = 0ms
```

步骤 3　配置外部网络，确保出口到达 Internet

本任务中用 R_Internet 表示 Internet 中的路由器，下面，配置 R_Lan 和 R_Internet 的直连网络：

R_Lan(config)#int s0/0/0

R_Lan(config-if)#ip add 202. 1. 1. 2 255. 255. 255. 0

R_Lan(config-if)#no shut

Router(config)#host R_Internet

R_Internet(config)#int s0/0/0

R_Internet(config-if)#ip add 202. 1. 1. 1 255. 255. 255. 0

R_Internet(config-if)#clock rate 64000

R_Internet(config-if)#no shut

R_Internet(config)#int f0/0

R_Internet(config-if)#ip add 62. 1. 1. 1 255. 255. 255. 0

R_Internet(config-if)#no shut

PC_ Internet 的 IP 设置为 62. 1. 1. 2/24。

现对 PC_Internet 连接网络出口进行测试：

```
PC>ping 62.1.1.1

Pinging 62.1.1.1 with 32 bytes of data:

Reply from 62.1.1.1: bytes=32 time=0ms TTL=255
Reply from 62.1.1.1: bytes=32 time=0ms TTL=255
Reply from 62.1.1.1: bytes=32 time=0ms TTL=255
Reply from 62.1.1.1: bytes=32 time=0ms TTL=255

Ping statistics for 62.1.1.1:
    Packets: Sent = 4, Received = 4, Lost = 0 (0% loss),
Approximate round trip times in milli-seconds:
    Minimum = 0ms, Maximum = 0ms, Average = 0ms
```

由于 R_Lan 连接 ISP，整个园区网访问 Internet 的数据流都需要通过 s0/0/0 交给 ISP，因此需要配置默认路由，并把默认路由注入 OSPF 进程：

R_Lan(config)#ip route 0. 0. 0. 0 0. 0. 0. 0 s0/0/0

R_Lan(config)#router ospf 1

R_Lan(config-router)#default-information originate

default-information originate 是新命令，作用是把默认路由注入 OSPF 进程或者 RIP 进程，让内部设备自动学习网络出口位置，通常在 NAT 网络出口运用。注入 OSPF 进程后，观察网络内部三层设备的路由表，如 DS_1：

```
C    192.168.1.0/24 is directly connected, FastEthernet0/24
O    192.168.2.0/24 [110/2] via 192.168.1.1, 02:00:17, FastEthernet0/24
O    192.168.3.0/24 [110/2] via 192.168.1.1, 00:39:02, FastEthernet0/24
O    192.168.100.0/24 [110/2] via 192.168.1.1, 02:00:17, FastEthernet0/24
C    192.168.101.0/24 is directly connected, Vlan101
O    192.168.102.0/24 [110/3] via 192.168.1.1, 02:00:17, FastEthernet0/24
O*E2 0.0.0.0/0 [110/1] via 192.168.1.1, 00:03:30, FastEthernet0/24
```

可以发现，DS_1 路由表新增了一条路由，类型为"O * E2"，表示此路由是通过OSPF

重分布学习得到的默认路由。下一跳地址正确地指向了网络出口。

步骤4　配置静态 NAT

准备工作配置好并测试之后，就可以进入静态 NAT 的配置。通过 NAT 实现外网设备 PC_Internet 访问内网服务器 Server1 的 WEB 服务。通过分析以上步骤可以知道，Server1 的 IP 地址 192.168.100.101 所属网段不会出现在外网路由器 R_Internet 的路由表中，这样就起到了保护内网的作用。但是，外网也无法访问内网的服务器资源，因此，我们需要将内网地址和端口号转换成外网地址和端口号。命令如下：

R_Lan(config)#int s0/0/0
R_Lan(config-if)#ip nat outside;定义 s0/0/0 为外网接口
R_Lan(config-if)#int f0/0
R_Lan(config-if)#ip nat inside;定义 f0/0 为内网接口

R_Lan(config)#ip nat inside source static tcp 192.168.100.101 80 202.1.1.3 80;配置静态地址转换，当 R_Lan 收到 202.1.1.3 的 TCP 80 号端口请求时，转换为内网地址 192.168.100.101 的 TCP 80 号端口请求

ip nat inside 和 ip nat outside 定义了哪些端口属于内网，哪些端口属于外网。

ip nat inside source static 是本任务的关键命令，完成静态 NAT 转换，此命令之后依次填上协议类型（TCP 或 UDP），内部本地地址、本地端口、内部全局地址、全局端口号。

当有多个端口或多个服务器需要对外提供服务时，可以配置多条静态转换条目，比如把内部 FTP 服务器发布到外网时，由于 FTP 用的是 TCP 的 20 号和 21 号端口，所以需要填写两条静态地址转换：

R_Lan(config)#ip nat inside source static tcp 192.168.100.101 20 202.1.1.3 20
R_Lan(config)#ip nat inside source static tcp 192.168.100.101 21 202.1.1.3 21

通过 show ip nat translations 查看转换结果：

```
R_Lan#show ip nat translations
Pro  Inside global     Inside local          Outside local      Outside global
tcp 202.1.1.3:20       192.168.100.101:20 ---                    ---
tcp 202.1.1.3:21       192.168.100.101:21 ---                    ---
tcp 202.1.1.3:80       192.168.100.101:80 ---                    ---
```

从转换结果可以看到，3 条静态转换记录已经写入转换表。下面可以进入静态 NAT 的测试。

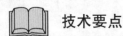 **技术要点**

静态 NAT 是指将内部网络的私有 IP 地址转换为公有 IP 地址，IP 地址是一对一的，是管理员手工配置的，某个私有 IP 地址只转换为某个公有 IP 地址。借助于静态转换，可以实现外部网络对内部网络中某些特定设备（如服务器）的访问。

如本任务中，通过静态转换，把内网服务器 192.168.100.101 的 80 号 TCP 端口转换成公网 IP 地址 202.1.1.3 的 80 号 TCP 端口。对外网而言，内网地址被隐藏起来，外网根本无须知道也无法知道内部网络结构，也不知道内网服务器 IP 地址，只能通过公网 IP 地址 202.1.1.3 访问服务器的 WEB 服务。因此，静态 NAT 为网络安全提供了保障。

以本任务为例，静态 NAT 的转换过程如下：

（1）外部网络设备 PC_Internet 通过公网地址 202.1.1.3 访问 WEB 服务，通过公网路由器到达企业出口 R_Lan。

（2）R_Lan 根据网络转换表，把目标地址为 202.1.1.3 的 WEB 服务请求转换为内网地址 192.168.100.101 的 WEB 服务请求。

（3）WEB 服务请求到达 WEB 服务器 192.168.100.101，服务器根据请求提供 WEB 服务，并返回到网络出口 R_lan

（4）网络出口 R_ lan 把 WEB 服务器的返回信息转发给公网，经过 Internet 路由器，最终到达 PC_Internet，完成整个 WEB 访问过程。

 检测报告及故障排查

NAT 静态转换使内网服务器通过公网地址对外提供服务。因此通过 PC_Internet 的浏览器访问此服务器以进行验证，预期结果如下：

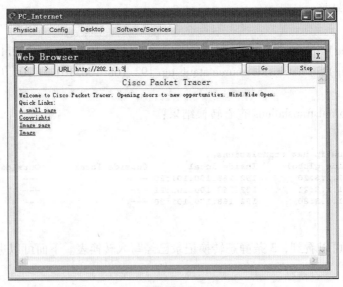

图 10-2

也可以采用 FTP 命令测试 FTP 转换情况：

```
PC>ftp 202.1.1.3
Trying to connect...202.1.1.3
Connected to 202.1.1.3
220- Welcome to PT Ftp server
Username:cisco
331- Username ok, need password
Password:
230- Logged in
(passive mode On)
```

可以发现 HTTP 服务和 FTP 服务都通过了外网地址 202.1.1.3 正常访问。

NAT 是安全性防护的一种，外部设备不用知道网络出口的真实 IP 地址 202.1.1.2，也不需要知道服务器内网的真实 IP 地址 192.168.100.101，即可访问服务器。当然，即使外网知道了真实 IP 地址，也无法进行访问，这样实际上为服务器增加了一层安全防护。

```
PC>ping 192.168.100.101

Pinging 192.168.100.101 with 32 bytes of data:

Reply from 62.1.1.1: Destination host unreachable.
Reply from 62.1.1.1: Destination host unreachable.
Reply from 62.1.1.1: Destination host unreachable.
Reply from 62.1.1.1: Destination host unreachable.

Ping statistics for 192.168.100.101:
    Packets: Sent = 4, Received = 0, Lost = 4 (100% loss),
```

由于静态 NAT 仅配置了必须用到的端口 80、20、21，其他端口也被保护了起来，因此外部网络无法正常通过其他端口访问服务器，包括使用 ICMP 协议的 ping 服务。

```
PC>ping 202.1.1.3

Pinging 202.1.1.3 with 32 bytes of data:

Request timed out.
Request timed out.
Request timed out.
Request timed out.

Ping statistics for 202.1.1.3:
    Packets: Sent = 4, Received = 0, Lost = 4 (100% loss),
```

本任务的检测报告单如下：

验证项目	验证步骤	预期验证结果	实际验证结果	结论
外部网络能通过外网地址访问 Server1 的 WEB 服务	PC_Internet 通过浏览器访问 202.1.1.3 的 WEB 服务	正常访问	能/不能正常访问	Sever1 能/不能通过外网地址对外提供服务
外部网络能通过外网地址访问 Server1 的 FTP 服务	PC_Internet 访问 202.1.1.3 的 FTP 服务	正常访问	能/不能正常访问	
外部网络能不能通过内网地址访问 Server1	PC_Internet ping 192.168.100.101	不通	通/不通	Server1 的其他服务能/不能被保护
外部网络能不能通过外网地址访问 Server1	PC_Internet ping 202.1.1.3	不通	通/不通	

若在检测中发现一个或多个项目不正常，则可分为以下两类进行排查。

（1）Sever1 不能通过外网地址对外提供服务。

①连通性产生的错误。网络出口是连接内网和外网的必经之处，因此必须测试内网服务器到达网络出口的内网接口，如本任务中的 192.168.3.1。而网络出口也能够正常连接外网，如本任务中的 PC_Internet。如果发现连通性错误导致 NAT 错误，则根据之前连通性的差错规则进行排查。

②NAT 配置错误。可以认真检查步骤 4 中的端口内外网设置和地址映射命令，进行仔细排查。

（2）外网可以用内网地址访问服务器。正常的 NAT 转换后，内部网络已经被保护起来，外部网络不能直接进入内部网络。如果外网能够用内网地址访问服务器，如本任务中的 192.168.100.101，则 NAT 无法保护内部网络了。如果出现这种错误，通常是由于在出口路由器中的动态路由协议把内网发布出去了。如本任务中 R_Lan 在宣告 OSPF 时，只宣告内网直连网段 192.168.3.0/24，并不宣告外网网段 202.1.1.1 。如果 R_Lan 和 R_Internet 都是用了 OSPF 并宣告了直连网段，那么在外网路由器 R_Internet 的路由表中将会出现 192.168.100.0/24，192.168.101.0/24、192.168.1.0/24 等内网网段。这相当于把内网的所有网段泄露给了外部网络，带来安全性问题，外网设备自然也能直接访问内网所有设备了。

命令小结

命令	说明
default-information originate	把默认路由注入 OSPF 进程或者 RIP 进程
ip nat outside	定义外网接口
ip nat inside	定义内网接口
ip nat inside source static 协议 内网地址 内网端口 外网地址 外网端口	配置静态地址转换

任务二　用动态 NAT 实现局域网访问 Internet

设备清单

任务二是在任务一的基础上在网络出口增添动态 NAT 功能，并不需要增添设备。因此，和任务一一样，采用一台路由器充当网络出口，另一台路由器模拟 Internet 中的路由器，企业内部继续采用任务七的企业内部网络。因此，本任务需要两台路由器、三台三层交换机。

技术分析

任务一中小 A 使用静态 NAT 把网络划分为内部网络和外部网络两部分。内部网络就是小 A 在以往任务中完成的内容，内网设备均能到达网络出口；外部网络就是 Internet，网络出口连接 ISP。

小 A 现在面临一个基本的需求，就是园区内部设备需要访问 Internet。由于现行 IPv4 环境下面临地址短缺的问题，不可能为每一台内部设备都申请一个公网 IP 地址。此园区网只能向 ISP 申请少量的 IP 地址，内部设备共用这些少量的 IP 地址访问 Internet。内部设备访问 Internet 经过网络出口时，网络出口把内部地址转换为这些公网 IP 地址，实现多个设备共用少量 IP 上网的目标。这个就是 NAPT（Network Address Port Translation，网络地址端口转换）技术，是动态 NAT 技术最为常用的一种。

小 A 为此园区网向 ISP 申请了 202.1.1.4 和 202.1.1.5 两个公网 IP 地址，园区中 vlan 101 是教学楼，教学楼设备能够共享这两个 IP 地址访问网络。因此，动态 NAT 技术是本任务的主要挑战。

因此本任务已经掌握的知识和技能是内部网络各种技术，包括连通性、安全性和稳定性技术。

NAPT 技术是本任务的挑战，本任务的新知识和技能是：

（1）掌握 NAPT 的配置。

（2）了解 NAPT 的地址转换过程。

总体步骤

（1）网络拓扑设计，IP 地址设计。

（2）配置内部网络，确保内网设备到达出口的内部接口。

（3）配置外部网络，确保出口到达 Internet。

（4）配置动态 NAT。

实施步骤

步骤 1 网络拓扑设计，IP 地址设计

本任务采用和任务一同样的拓扑结构，同样的 IP 地址设计。这样可以加深读者对于 NAT 以及内网外网的理解。和任务一不同的是，本任务 Internet 上的设备 PC_Internet 换成一台服务器，IP 地址不变，这样便于验证动态 NAT。拓扑结构图如下：

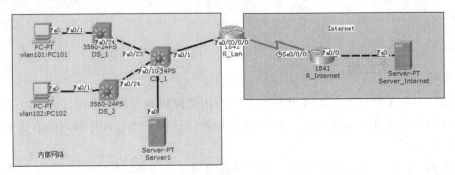

图 10 – 3

步骤 2 ~ 3 配置内部网络和外部网络，确保内网设备到达出口的内部接口，出口到达 Internet

此两步都是 NAT 的准备动作，动态 NAT 和静态 NAT 的步骤相同，请参见任务一的步骤 2 和步骤 3，并完成测试。测试过程也和任务一相同。

步骤 4 配置动态 NAT

1. 定义内部端口和外部端口

R_Lan(config)#int s0/0/0
R_Lan(config-if)#ip nat outside;定义 s0/0/0 为外网接口
R_Lan(config-if)#int f0/0
R_Lan(config-if)#ip nat inside;定义 f0/0 为内网接口

此步骤和静态 NAT 是一样的，告诉出口路由器哪些端口属于外网，哪些端口属于内网，为地址转换做准备。

2. 定义合法外网地址池

小 A 为此园区网向 ISP 申请了 202. 1. 1. 4 和 202. 1. 1. 5 两个公网 IP 地址，供内部网络

访问 Internet 时使用。每当内网设备到达网络出口访问外网时，就会转换到这个地址池中的地址。命令如下：

R_Lan(config)#ip nat pool pool_nat 202.1.1.4 202.1.1.5 netmask 255.255.255.0

定义了一个名为 pool1 的地址池，开始地址为 202.1.1.4，结束地址为 202.1.1.5，子网掩码为 255.255.255.0

以上命令定义了一个地址池 pool1，地址范围 202.1.1.4～202.1.1.5，后续步骤 4 中将会用到这个 pool1 地址池。值得注意的是，地址池地址取决于 ISP 申请得到的 IP 地址。如果 IP 地址紧张，没有申请专门用于访问网络的 IP 地址，也可以使用出口端口的 IP 地址，把初始地址和结束地址都设置为端口地址即可，如 ip nat pool2 202.1.1.3 202.1.1.3 netmask 255.255.255.0。

3. 定义内部网络中允许访问 Internet 的 ACL

我们学过用 ACL 提高网络安全性，其实 ACL 还可以用于定义数据流。如我们可以编写一条 ACL，定义属于教学楼的数据流，这些数据流将在后续步骤 4 中进行地址转换。

R_Lan(config)#ip access-list standard acl_nat
R_Lan(config-std-nacl)#permit 192.168.101.0 0.0.0.255
R_Lan(config-std-nacl)#exit

4. 设置动态地址转换

运用定义好的地址池和 ACL，设置动态地址转换。

R_Lan(config)#ip nat inside source list acl_nat pool pool_nat overload

此命令是动态 NAT 的关键，命令格式如下：

ip nat inside source list 允许转换的 ACL 名称 pool 外网地址池 overload

此命令运用到定义好的地址池和 ACL，当来自 acl_nat 的数据流到达出口时，出口路由器就会把数据流的源地址替换为地址池中的地址，用外部 IP 地址的身份访问网络，这样就达到了隐藏内网 IP 地址的目的。overload 表示开启了地址复用，可以满足多个内网地址映射到少数外网地址的需求。

通过以上 4 步，NAPT 配置完成，下面可以进行测试。

 技术要点

NAPT 是动态 NAT 中最为常用的一种。NAPT 对数据包的 IP 地址、协议类型、传输层端口号同时进行转换，可以显著提高公网 IP 地址的利用效率，有助于解决公网 IP 地址不足的问题。

本任务是一个典型的 NAPT 过程，内部网络 192.168.101.0/24 需要访问 Internet。在 R_Lan 上配置 NAPT，地址池为 202.1.1.4 和 202.1.1.5 两个公网地址，以 PC_101 访问 Server_Internet 为例，地址转换过程如下：

（1）PC_101 产生目标地址为 Server_ Internet 的 IP 报文，发送到网络出口 R_ Lan。

（2）R_Lan 收到 IP 报文后，查找路由表，将 IP 报文转发到外网接口，由于在外网接口上配置了 NAPT，因此把源地址 192.168.101.101 转换为地址池中的 IP 地址 202.1.1.4，源端口也进行转换，并在转换表在中把此转换过程记录下来，将转换后的 IP 报文发送给公网。

（3）公网路由器对转换后的 IP 报文进行转发，到达目标地址 Server_Internet。Server_Internet 接收报文并发送回应报文，回应报文目标地址是 202.1.1.4。

（4）回应报文经过 Internet 路由器的转发，到达网络出口 R_Lan。

（5）R_Lan 收到回应报文，发现报文的目标地址在 NAT 的地址池内，于是检查转换表，把回应报文的目标地址 202.1.1.4 转换回内网地址 192.168.101.101，目标端口也进行转换。转换后的报文发送到内网。

（6）PC_101 收到 IP 报文，地址转换过程结束。

 检测报告及故障排查

动态 NAT 使教学楼网段可以访问网络，于是，从 PC_101 ping 外网 Server_Internet，预期结果是通的。

```
PC>ping 62.1.1.2

Pinging 62.1.1.2 with 32 bytes of data:

Reply from 62.1.1.2: bytes=32 time=32ms TTL=124
Reply from 62.1.1.2: bytes=32 time=27ms TTL=124
Reply from 62.1.1.2: bytes=32 time=31ms TTL=124
Reply from 62.1.1.2: bytes=32 time=47ms TTL=124

Ping statistics for 62.1.1.2:
    Packets: Sent = 4, Received = 4, Lost = 0 (0% loss),
Approximate round trip times in milli-seconds:
    Minimum = 27ms, Maximum = 47ms, Average = 34ms
```

PC_101 也能够通过浏览器访问 Server_Internet 的 HTTP 服务。

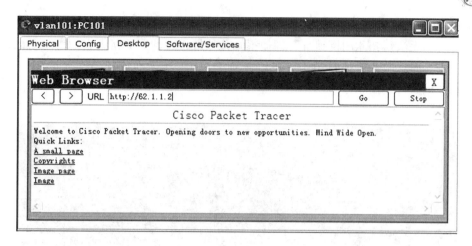

图 10 - 4

通过以上测试，NAT 转换表将会记录这些地址转换。在 R_Lan 中用 show ip nat transla-tions 查看转换表：

```
R_Lan#show ip nat translations
Pro  Inside global    Inside local      Outside local       Outside global
icmp 202.1.1.4:10     192.168.101.101:10 62.1.1.2:10         62.1.1.2:10
icmp 202.1.1.4:11     192.168.101.101:11 62.1.1.2:11         62.1.1.2:11
icmp 202.1.1.4:12     192.168.101.101:12 62.1.1.2:12         62.1.1.2:12
icmp 202.1.1.4:9      192.168.101.101:9  62.1.1.2:9          62.1.1.2:9
tcp  202.1.1.3:20     192.168.100.101:20 ---                 ---
tcp  202.1.1.3:21     192.168.100.101:21 ---                 ---
tcp  202.1.1.3:80     192.168.100.101:80 ---                 ---
tcp  202.1.1.4:1025   192.168.101.101:102562.1.1.2:80        62.1.1.2:80
tcp  202.1.1.4:1026   192.168.101.101:102662.1.1.2:80        62.1.1.2:80
```

从转换表可以看到 ICMP 的 4 项条目，这 4 项条目对应了 4 次 ping 数据，表示内部本地地址为 192.168.101.101 的设备转换为内部全局地址 202.1.1.4，访问了目标地址 62.1.1.2。而最后两条 TCP 条目也对应了两次访问外网服务器的转换记录。

以上用 PC_101 ping 通了 Server_Internet，但是反过来 Server_Internet 能否连接 PC_101 呢？PC_101 具备两重身份，内网 IP 地址 192.168.101.101 和 NAT 转换后的地址 202.1.1.4，我们从 Server_Internet 对这两个地址分别进行测试。

```
SERVER>ping 192.168.101.101

Pinging 192.168.101.101 with 32 bytes of data:

Reply from 62.1.1.1: Destination host unreachable.
Reply from 62.1.1.1: Destination host unreachable.
Reply from 62.1.1.1: Destination host unreachable.
Reply from 62.1.1.1: Destination host unreachable.

Ping statistics for 192.168.101.101:
    Packets: Sent = 4, Received = 0, Lost = 4 (100% loss),
```

从以上结果看到，Server _ Internet 并不能连接 PC101 的内网地址。其实，Server_Internet无法得知此内网地址，即使得知此地址，它的网关路由表中也不会出现此网段的路由表。而从服务器的日志中，可以查到 PC_101 转换而成的公网地址 202.1.1.4 。下面我们尝试进行连接。

```
SERVER>ping 202.1.1.4

Pinging 202.1.1.4 with 32 bytes of data:

Request timed out.
Request timed out.
Request timed out.
Request timed out.

Ping statistics for 202.1.1.4:
    Packets: Sent = 4, Received = 0, Lost = 4 (100% loss),
```

同样，Server_Internet 也无法连接公网地址 202.1.1.4，分析原因，发现 202.1.1.4 并没有对应任何真实的物理设备，所以也不会有任何物理设备响应此 ping 请求。

综合以上结果，PC_101 可以连接 Server_internet，但是反过来 Server_ Internet 无法连接 PC_101，相当于 NAT 把园区网内部结构隐藏并保护起来，增添了一层安全防护。

本任务要求教学楼能够访问 Internet，预期宿舍楼设备 PC_102 不能访问 Internet，我们对其进行测试，预期结果为不通。

```
PC>ping 62.1.1.2

Pinging 62.1.1.2 with 32 bytes of data:

Request timed out.
Request timed out.
Request timed out.
Request timed out.

Ping statistics for 62.1.1.2:
    Packets: Sent = 4, Received = 0, Lost = 4 (100% loss),
```

本任务的检测报告单如下：

验证项目	验证步骤	预期验证结果	实际验证结果	结论
教学楼设备可以访问 Internet	PC_101 通过浏览器访问 Server_Internet 的 WEB 服务	正常访问	能/不能正常访问	教学楼设备可以/不可以访问 Internet
	PC101 ping Server_Internet	通	通/不通	

（续上表）

验证项目	验证步骤	预期验证结果	实际验证结果	结论
宿舍楼设备不能访问 Internet	PC_102 ping Server_Internet	不通	通/不通	宿舍楼设备可以/不可以访问 Internet
外网设备无法主动连接内网设备，内网设备被保护	Server_Internet ping 192.168.101.101	不通	通/不通	内网设备能/不能被保护
	Server_Internet ping 202.1.1.4	不通	通/不通	

若在检测中发现一个或多个项目不正常，则可分为以下两类进行排查：

（1）教学楼不能访问 Internet。

①连通性产生的错误。网络出口是连接内网和外网的必经之处，因此必须测试内网服务器到达网络出口的内网接口，如本任务中的 192.168.3.1。而网络出口也能够正常连接外网，如本任务中的 PC_Internet。如果发现连通性错误导致 NAT 错误，则根据之前连通性的查错规则进行排查。

②NAT 配置错误。可以认真检查步骤 4 中的端口内外网设置和地址映射命令，进行仔细排查。

（2）宿舍楼能够访问 Internet。按照需求，宿舍楼设备不能访问 Internet，若发生此错误，则重点排查动态 NAT 所绑定的 ACL。

（3）外网能够主动连接内网设备，内网不能被保护。正常的 NAT 转换后，内部网络已经被保护起来，外部网络不能直接进入内部网络。如果外网能够主动连接内网设备，如本任务中的 Server_Internet 能够 ping 通 PC_101，则 NAT 无法保护内部网络了。如果出现这种错误，通常是由于在出口路由器中的动态路由协议把内网发布出去了。如本任务中R_Lan 在宣告 OSPF 时，只宣告内网直连网段 192.168.3.0/24，并不宣告外网网段 202.1.1.1。如果 R_Lan 和 R_Internet 都是用了 OSPF 并宣告了直连网段，那么在外网路由器 R_Internet 的路由表中将会出现 192.168.100.0/24，192.168.101.0/24，192.168.1.0/24 等内网网段。这相当于把内网的所有网段泄露给了外部网络，将带来安全性问题。

 命令小结

命令	说明
ip nat pool 地址池名称 起始地址结束地址 netmask 子网掩码	定义 NAT 地址池
ip nat inside source list 允许转换的 ACL 名称 pool 外网地址池 overload	NAPT 动态映射

扩展练习

本练习在项目七的扩展任务基础上，增加网络出口，实现企业内部所有设备能够访问 Internet，同时 PC3 改为一台服务器，对外提供服务。拓扑图如下：

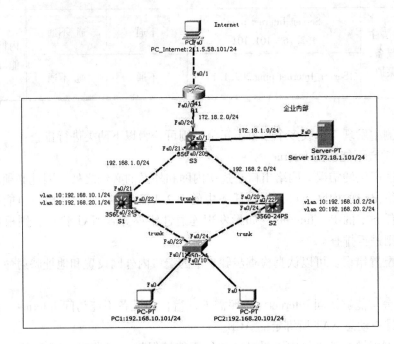

图 10 – 5　NAT 扩展任务

除了把 PC3 改为服务器外，我们还在 S3 上面增加网络出口 R1，S3 与 R1 之间使用 172.18.2.0/24 网段。R1 的外网端口 f0/1 采用 IP 地址 211.5.58.10/24。用一台服务器 PC_Internet模拟 Internet，IP 地址为 211.58.58.101/24。需要注意，当用一台 PC 直连网络出口路由器模拟 Internet 时，PC 不需要填写网关，否则此 PC 将会直接访问企业内部，如图 10 – 6 所示：

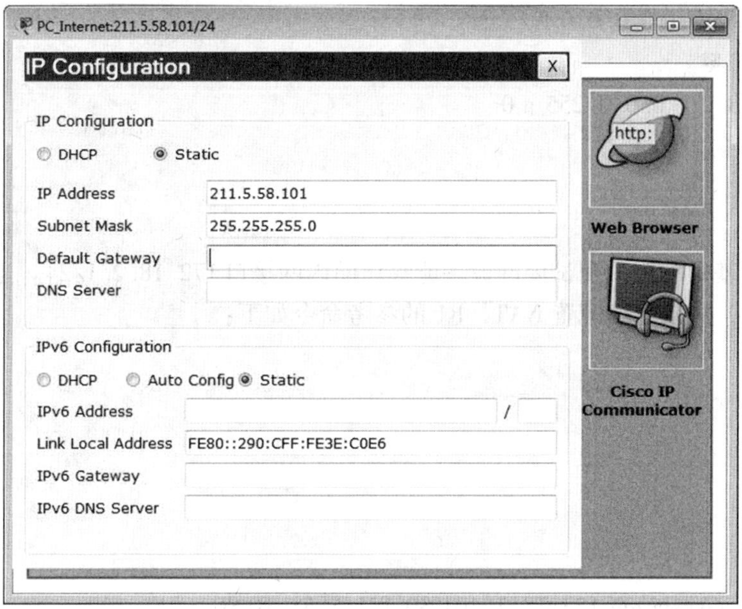

图 10 - 6　PC_Internet **直连网络出口模拟** Internet **时，不需要填写网关**

　　本扩展练习需求如下：内部网络 192. 168. 10. 0/24 和 192. 168. 20. 0/24 能够共用 R1 的外网地址访问 Internet。同时内网服务器 Server-PT 能够以 R1 的外网地址 211. 5. 58. 11 对外提供 WEB 服务。

　　增加网络出口后，仅需要网络出口相邻的 S3 增加配置，其他 S3 以下的设备不需要修改，S3 的参考代码如下：

```
int f0/24
no sw
ip add 172. 18. 2. 2 255. 255. 255. 0

router ospf 1
net 172. 18. 2. 0 0. 0. 0. 255 a 0
```

　　网络出口的基础配置参考代码如下：

```
int f0/0
ip add 172. 18. 2. 1 255. 255. 255. 0
no shut
int f0/1
ip add 211. 5. 58. 10 255. 255. 255. 0
no shut
exit
```

```
ip route 0. 0. 0. 0 0. 0. 0. 0 f0/1
router ospf 1
net 172. 18. 2. 0 0. 0. 0. 255 a 0
de or
exit
```

完成以上基础配置，测试内网设备能够访问内网接口 172. 18. 2. 1/24。当 R1 能够访问 PC_Internet 后，可以继续配置 NAT，R1 的参考命令如下：

```
int f0/0
ip nat in
int f0/1
ip nat out

ip nat ins sour sta tcp 172. 18. 1. 101 80 211. 5. 58. 10 80
ip nat pool poolnat 211. 5. 58. 11 211. 5. 58. 11 net 255. 255. 255. 0

ip acc sta aclnat
per 192. 168. 10. 0 0. 0. 0. 255
per 192. 168. 20. 0 0. 0. 0. 255
exit

ip nat ins sour list aclnat pool poolnat ov
```

因此需要添加无线 AP，我们添加一台代表性的无线 AP，其他无线 AP 只需要进行类似的设置。

项目十一　无线网络搭建

任务描述

小 A 搭建了安全、稳定的园区网和企业网之后，客户又提出了新要求。无论是园区网还是企业网，用户已经不满足于用传统个人电脑访问网络，而是希望采用手提电脑、平板电脑、手提电话这些移动设备访问网络。在移动互联网大潮下，越来越多客户提出了搭建无线网络的要求。

由于无线网络采用空气作为传输介质，因此对于安全性的要求更高，小 A 除了要完成无线接入任务外，还需要考虑到安全性要求。

当今无线网络并不是完全取代有线网络，而是在原有有线网络的基础上，适当添加无线设备，以满足无线接入需求。本项目继续沿用项目七的网络结构，在教学楼添加一台无线 AP，供教学楼内无线设备进行访问，而在宿舍楼添加一台无线路由器，供少量无线设备接入。

任务　通过无线 AP 搭建无线网络

技术分析

无线网络并不是完全取代有线网络，网络结构依然以原有的有线网络为主，因此不需要太多的设备投入，原有网络也不需要进行修改。因此本任务已经掌握的知识和技能是有线网络的各种技术，包括 vlan、路由协议等技术。

在底层网络添加无线设备，新知识和技能是：

（1）掌握无线 AP 的配置。

（2）掌握无线路由器的配置。

（3）了解无线网络的基本知识。

总体步骤

（1）网络拓扑设计，IP 地址设计。

（2）配置有线网络。

（3）配置无线 AP 和教学楼客户端。

（4）配置无线路由器和宿舍楼客户端。

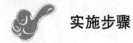 实施步骤

步骤1 网络拓扑设计，IP 地址设计

园区内部网络我们继续沿用项目七的网络拓扑和 IP 地址设计，由于无线网络需求激增，教学楼决定提供无线连接，因此需要添加无线 AP。宿舍楼中的学生使用常用的无线路由器搭建无线网络。无线网络在原有的有线网络基础上进行搭建，不需要修改原有园区网的结构以及 IP 设计。

教学楼和宿舍楼的无线网络使用不同的标识以示区别，教学楼 SSID 为 jiaoxue，宿舍楼 SSID 为 sushe。

拓扑图如下：

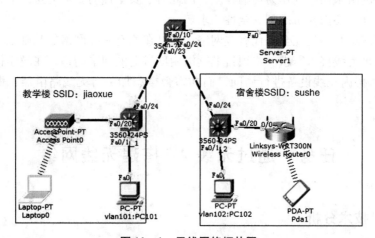

图 11-1 无线网络拓扑图

IP 地址方面，内网采用最常用的 192.168.×.0/24 网段，其中 × 与 vlan 号相同便于维护。教学楼新增无线 AP，无线 AP 无须设置 IP 地址，手提电脑 Laptop0 连入无线网络后，相当于进入了 vlan 101，采用 vlan 101 网段的 IP 地址 192.168.101.102。宿舍楼新增无线 AP，无线 AP 相当于一台接入计算机，采用 vlan 102 的 IP 地址，无线网络采用了新的网段 192.168.200.0/24，接入无线网络的移动设备 Pda1 的 IP 地址由无线路由器自动分配获得。详细地址分配如下：

设备名称	连接接口	IP 地址	接入端口/对端设备
CS_1	vlan 100	192.168.100.1/24	接入 f0/10
CS_1	f0/23	192.168.1.1/24	DS_1
CS_1	f0/24	192.168.2.1/24	DS_2
DS_1	F0/24	192.168.1.2/24	CS_1

（续上表）

设备名称	连接接口	IP 地址	接入端口/对端设备
DS_1	vlan 101	192.168.101.1/24	接入 f0/1-20
DS_1	F0/20		Access Point 0
DS_2	F0/24	192.168.2.2/24	CS_1
DS_2	vlan 102	192.168.102.1/24	接入 f0/1-20
DS_2	F0/20		Wireless Router0
Access Point 0	F0/20		DS_1
Laptop 0	SSID：jiaoxue	192.168.101.102	Access Point 0
Wireless Router 0	F0/20	192.168.102.2	DS_2
Pda 1	SSID：sushe	自动获取	Wireless Router 0

步骤2　配置有线网络

由于内部网络采用了项目七中的设计，因此配置不需要作太多修改，按照项目七任务二进行重新配置，即可完成内网和服务器到达网络出口。

DS_1 的所有配置如下：

DS_1#show run
Building configuration...

Current configuration：1908 bytes
!
version 12.2
no service timestamps log datetime msec
no service timestamps debug datetime msec
no service password-encryption
!
hostname DS_1
!
ip routing
!
!
spanning-tree mode pvst
!
!
interface FastEthernet0/1

```
switchport access vlan 101
!
interface FastEthernet0/2
switchport access vlan 101
!
interface FastEthernet0/3
switchport access vlan 101
!
interface FastEthernet0/4
switchport access vlan 101
!
interface FastEthernet0/5
switchport access vlan 101
!
interface FastEthernet0/6
switchport access vlan 101
!
interface FastEthernet0/7
switchport access vlan 101
!
interface FastEthernet0/8
switchport access vlan 101
!
interface FastEthernet0/9
switchport access vlan 101
!
interface FastEthernet0/10
switchport access vlan 101
!
interface FastEthernet0/11
switchport access vlan 101
!
interface FastEthernet0/12
switchport access vlan 101
!
interface FastEthernet0/13
switchport access vlan 101
!
interface FastEthernet0/14
```

```
switchport access vlan 101
!
interface FastEthernet0/15
switchport access vlan 101
!
interface FastEthernet0/16
switchport access vlan 101
!
interface FastEthernet0/17
switchport access vlan 101
!
interface FastEthernet0/18
switchport access vlan 101
!
interface FastEthernet0/19
switchport access vlan 101
!
interface FastEthernet0/20
switchport access vlan 101
!
interface FastEthernet0/21
!
interface FastEthernet0/22
!
interface FastEthernet0/23
!
interface FastEthernet0/24
no switchport
ip address 192. 168. 1. 2 255. 255. 255. 0
duplex auto
speed auto
!
interface GigabitEthernet0/1
!
interface GigabitEthernet0/2
!
interface vlan1
no ip address
shutdown
```

```
!
interface vlan 101
ip address 192. 168. 101. 1 255. 255. 255. 0
!
router ospf 1
log-adjacency-changes
network 192. 168. 1. 0 0. 0. 0. 255  area 0
network 192. 168. 101. 0 0. 0. 0. 255  area 0
!
ip classless
!
!
!
line con 0
!
line aux 0
!
line vty 0 4
login
!
!
!
end
```

DS_ 2 的所有配置如下：

```
DS_2#show run
Building configuration. . .

Current configuration：1908 bytes
!
version 12. 2
no service timestamps log datetime msec
no service timestamps debug datetime msec
no service password-encryption
!
hostname DS_2
!
ip routing
```

```
!
spanning-tree mode pvst
!
interface FastEthernet0/1
switchport access vlan 102
!
interface FastEthernet0/2
switchport access vlan 102
!
interface FastEthernet0/3
switchport access vlan 102
!
interface FastEthernet0/4
switchport access vlan 102
!
interface FastEthernet0/5
switchport access vlan 102
!
interface FastEthernet0/6
switchport access vlan 102
!
interface FastEthernet0/7
switchport access vlan 102
!
interface FastEthernet0/8
switchport access vlan 102
!
interface FastEthernet0/9
switchport access vlan 102
!
interface FastEthernet0/10
switchport access vlan 102
!
interface FastEthernet0/11
switchport access vlan 102
!
interface FastEthernet0/12
switchport access vlan 102
!
```

```
interface FastEthernet0/13
switchport access vlan 102
!
interface FastEthernet0/14
switchport access vlan 102
!
interface FastEthernet0/15
switchport access vlan 102
!
interface FastEthernet0/16
switchport access vlan 102
!
interface FastEthernet0/17
switchport access vlan 102
!
interface FastEthernet0/18
switchport access vlan 102
!
interface FastEthernet0/19
switchport access vlan 102
!
interface FastEthernet0/20
switchport access vlan 102
!
interface FastEthernet0/21
!
interface FastEthernet0/22
!
interface FastEthernet0/23
!
interface FastEthernet0/24
no switchport
ip address 192. 168. 2. 2 255. 255. 255. 0
duplex auto
speed auto
!
interface GigabitEthernet0/1
!
interface GigabitEthernet0/2
```

```
!
interface vlan1
no ip address
shutdown
!
interface vlan 102
ip address 192. 168. 102. 1 255. 255. 255. 0
!
router ospf 1
log-adjacency-changes
network 192. 168. 2. 0 0. 0. 0. 255 area 0
network 192. 168. 102. 0 0. 0. 0. 255 area 0
!
ip classless
!
!
line con 0
!
line aux 0
!
line vty 0 4
login
!
end
```

CS_1 的原有配置如下：

```
CS_1#show run
Building configuration. . .

Current configuration：1492 bytes
!
version 12. 2
no service timestamps log datetime msec
no service timestamps debug datetime msec
no service password-encryption
!
hostname CS_1
!
```

```
ip routing
!
spanning-tree mode pvst
!
interface FastEthernet0/1
!
interface FastEthernet0/2
!
interface FastEthernet0/3
!
interface FastEthernet0/4
!
interface FastEthernet0/5
!
interface FastEthernet0/6
!
interface FastEthernet0/7
!
interface FastEthernet0/8
!
interface FastEthernet0/9
!
interface FastEthernet0/10
switchport access vlan 100
!
interface FastEthernet0/11
!
interface FastEthernet0/12
!
interface FastEthernet0/13
!
interface FastEthernet0/14
!
interface FastEthernet0/15
!
interface FastEthernet0/16
!
interface FastEthernet0/17
!
```

interface FastEthernet0/18

!

interface FastEthernet0/19

!

interface FastEthernet0/20

!

interface FastEthernet0/21

!

interface FastEthernet0/22

!

interface FastEthernet0/23

no switchport

ip address 192. 168. 1. 1 255. 255. 255. 0

duplex auto

speed auto

!

interface FastEthernet0/24

no switchport

ip address 192. 168. 2. 1 255. 255. 255. 0

duplex auto

speed auto

!

interface GigabitEthernet0/1

!

interface GigabitEthernet0/2

!

interface vlan1

no ip address

shutdown

!

interface vlan 100

ip address 192. 168. 100. 1 255. 255. 255. 0

!

router ospf 1

log-adjacency-changes

network 192. 168. 100. 0 0. 0. 0. 255 area 0

network 192. 168. 1. 0 0. 0. 0. 255 area 0

network 192. 168. 2. 0 0. 0. 0. 255 area 0

!

```
ip classless
!
line con 0
!
line aux 0
!
line vty 0 4
login
!
!
!
end
```

步骤 3　配置无线 AP 和教学楼客户端

单击无线 Access Point0，选择 config 选项卡，可以通过此界面配置无线 AP 的各项功能。左侧 Settings 选项卡可以配置 AP 显示名称。Port 0 是有线端口，可以配置有线端口的各种属性，如端口开关、带宽、双工方式。如果要进行无线配置，需要配置 Port 1 端口。

单击 Port 1 端口，界面如下图所示：

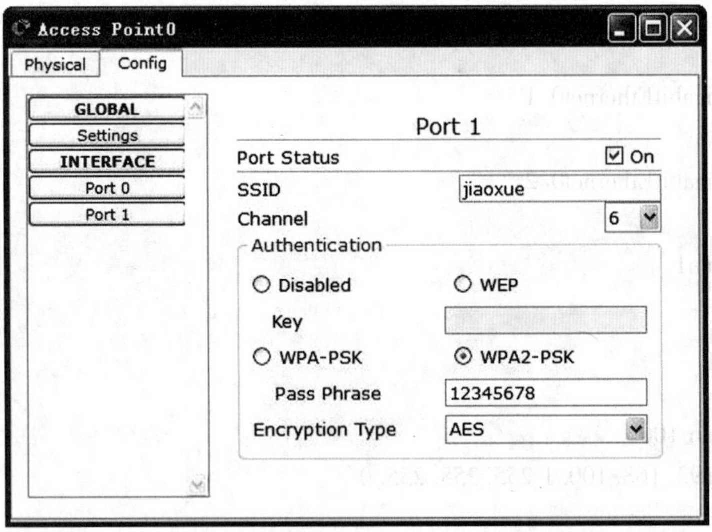

图 11-2

　　SSID 是无线网络的标识，设置为教学楼无线网络的 SSID：jiaoxue 。在 Authentication 中可以配置验证方式。设为 Disabled 即不配置密码，这样将会带来安全问题，任意用户都可以无须密码直接进入网络。WEP 是静态密码，是一种不安全的验证方式，已经被 WPA 验证方式所淘汰。目前比较安全且常用的验证方式是 WPA2-PSK。我们选择 WPA2-PSK，并在 Pass Phrase 中输入密码,只有在客户端也输入相同密码时方可接入。我们为了方便初学者,设置为 12345678,实际运用中请设置复杂度较高的密码,以防止被破解。Encryption Type 为加密方式,可以选择 AES 或者 TKIP 方式,其中 AES 方式较为常用。

无线客户端要接入 Access Point 0 的无线网络,需要配置和 Access Point0 一样的 SSID 和验证方式与密码。单击 Laptop 0,进入 Config 选项卡,左边选择 Wireless 0 端口,如图 11 - 3 所示,配置 SSID 为 jiaoxue,认证方式为 WPA2-PSK,配置密码为 12345678,加密方式为 AES,即可完成客户端无线接入配置。

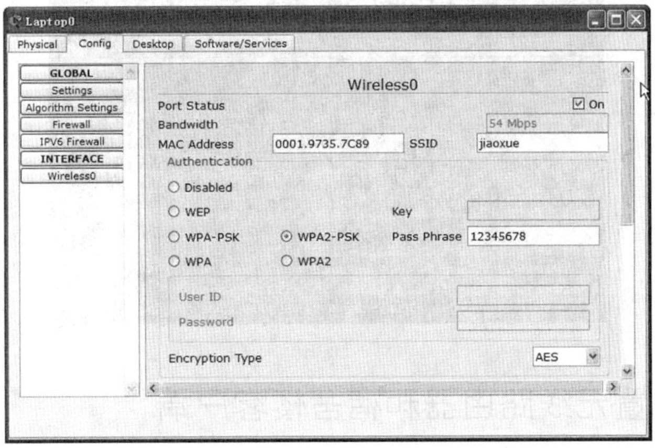

图 11 - 3 无线客户端配置

当界面上显示了 Access Point0 和 Laptop 0 之间的无线连接标志后,表示无线连接已经成功。无线 AP 在功能上相当于无线的交换机,Laptop 0 相当于接入了 DS_ 1 的 f0/20,该端口属于 vlan 101。因此,Laptop 0 相当于接入了 vlan 101,需要配置 vlan 101 网段的 IP 地址。如图,把 Laptop 0 的 IP 地址设置为 192.168.101.102/24。

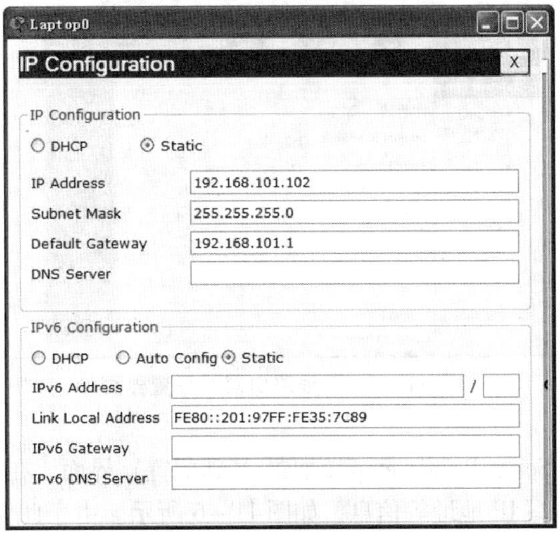

图 11 - 4 Laptop 0 的 IP 地址设置

至此，教学楼无线网络和客户端都设置完毕，下面可以进行连通性验证，Laptop 0 ping vlan 101 网关和 Server1。预期结果如下：

```
PC>
PC>ping 192.168.101.1

Pinging 192.168.101.1 with 32 bytes of data:

Reply from 192.168.101.1: bytes=32 time=47ms TTL=255
Reply from 192.168.101.1: bytes=32 time=42ms TTL=255
Reply from 192.168.101.1: bytes=32 time=47ms TTL=255
Reply from 192.168.101.1: bytes=32 time=62ms TTL=255

Ping statistics for 192.168.101.1:
    Packets: Sent = 4, Received = 4, Lost = 0 (0% loss),
Approximate round trip times in milli-seconds:
    Minimum = 42ms, Maximum = 62ms, Average = 49ms

PC>ping 192.168.100.101

Pinging 192.168.100.101 with 32 bytes of data:

Reply from 192.168.100.101: bytes=32 time=94ms TTL=126
Reply from 192.168.100.101: bytes=32 time=47ms TTL=126
Reply from 192.168.100.101: bytes=32 time=47ms TTL=126
Reply from 192.168.100.101: bytes=32 time=31ms TTL=126

Ping statistics for 192.168.100.101:
    Packets: Sent = 4, Received = 4, Lost = 0 (0% loss),
Approximate round trip times in milli-seconds:
    Minimum = 31ms, Maximum = 94ms, Average = 54ms
```

步骤 4   配置无线路由器和宿舍楼客户端

无线路由器是家用或者小型办公室最常用的无线设备，它仅需要一个 IP 地址，即可供多个无线接入设备使用，相当于完成了 NAT 的地址转换功能。

单击 Wireless Router0，选择 GUI 选项卡，进入如下界面，这是一个模拟无线路由器的图形界面，在此图形界面中即可完成各种无线配置。

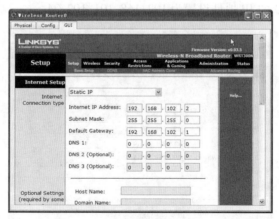

图 11 - 5　无线路由器的配置界面

在图形界面中进入 Setup-Basic Setup（配置-基础配置）界面，在第一个下拉菜单中选择静态 IP（Static IP），填写 IP 地址等信息，如图 11 - 6 所示。由于此无线路由器接入了 DS_2 的 F0/20 端口，属于 vlan 102，在此配置一个 vlan 102 网段的 IP 地址 192. 168. 102. 2，子网掩码为 255. 255. 255. 0，网关填写 vlan 102 的虚拟子接口地址 192. 168. 102. 1。DNS 可以填写提

供服务的 DNS 服务器地址。完成此配置后，所有无线接入此无线路由器的设备将会转换为
192.168.102.2/24 进而访问上行设备。

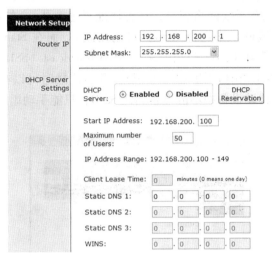

图 11 - 6　无线路由器的 IP 地址设置以及 DHCP 服务配置

接着填写 IP Address，此地址相当于 NAT 出口的内网地址，可为接入此无线路由器的
设备提供网关。比如可以设置为 192.168.200.1，子网掩码为 255.255.255.0。

无线接入设备通常自动获取 IP 地址，这需要配置一个 DHCP 服务器。无线路由器具
有为接入设备提供 DHCP 的功能，选择 DHCP Server 中的 Enabled，即可打开 DHCP 服务。
在 Start IP Address（开始 IP 地址）填上 100，Maximum number of Users（最大用户数）填
写 50 。于是本 DHCP 服务将会给接入设备分配 192.168.200.100 ~ 149 的 IP 地址。接入设
备只需要选择自动获取，即可获得此 IP 地址以及网关、DNS 等信息，无须用户自行设置。

单击 GUI 界面最下面的 Save Settings 按钮，保存配置。

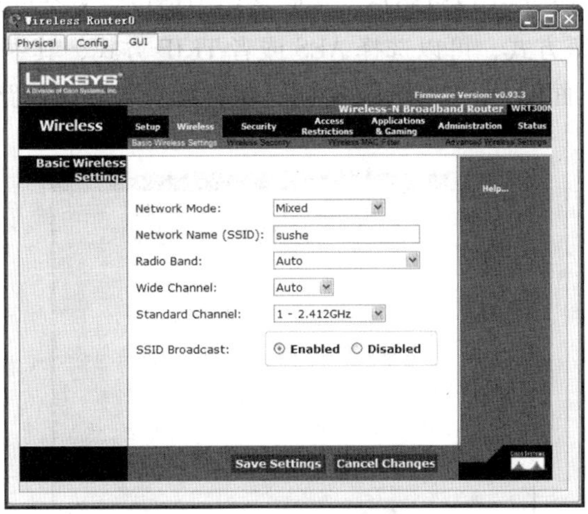

图 11 - 7　无线路由器的无线配置

完成基础配置后，接下来需要对无线功能进行配置，在图形界面中进入 Setup-Basic Wireless Settings（配置—基础无线配置）界面。在 Network Mode（网络模式）中，选择 Mixed（混合模式），此模式采用了 802.11b/g/n 的混合模式，具有最大的兼容性。在 Network Name（SSID）中配置无线网络表示，宿舍楼配置为 sushe。在 Radio Band（射频段）和 Wide Channel（带宽通道）中选择 Auto（自动模式）。而在 Standard Channel（标准通道）中选择通道号，通常在 1、6、11 中选择。SSID Broadcast（SSID 广播）中选择开启广播（Enabled）或者关闭 SSID 广播（Disabled）。开启广播时可以在移动设备中搜索到此 SSID，关闭广播时，在移动设备中不能搜索到此 SSID，只能手动添加 SSID。

图 11-8　无线路由器配置验证方式

进入 Wireless-Wireless Security（无线—无线安全）界面，对无线网络配置验证方式。在 Security Mode 选择安全类型，设为 Disabled 则为不配置密码，这样将会带来安全问题，任意用户都可以直接进入网络，无须密码。WEP 是静态密码，是一种不安全的验证方式，已经被 WPA 验证方式所淘汰。目前比较安全且常用的验证方式是 WPA2-PSK。我们选择 WPA2 Personal，并在 Passphrase 中输入密码，只有在客户端也输入相同密码时方可接入。我们为了方便初学者，设置为 12345678，实际运用中请设置复杂度较高的密码，以防止被破解。Encryption 为加密方式，可以选择 AES 或者 TKIP 方式，其中 AES 方式较为常用。

单击 GUI 界面最下面的 Save Settings 按钮，保存配置，则无线路由器的基本配置结束。

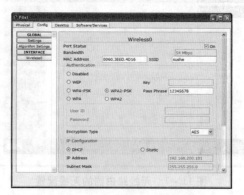

图 11-9　PDA 无线客户端的配置

Pda1 是接入宿舍楼无线网络的设备，需要配置正确的 SSID 和密码类型、密码才能接入。进入 Pda1 的 config 选项卡，选择 Interface-Wireless0 接口，配置如图 11 -9 所示。

　　由于无线路由器已经具备 DHCP 服务功能，DHCP 服务在 DHCP 地址池中选择 IP 地址分配给无线接入设备。无线接入设备无须手工配置 IP 地址和网关等信息。比如，在 Pda1 的 IP Configuration（IP 配置）中，选择 DHCP，Pda1 将会自动获取到 IP 地址 192.168.200.101/24，网关地址为 192.168.200.1，即无线路由器的内部接口地址。

　　当界面上显示了 Wireless Router0 和 Pda1 之间的无线连接标志后，表示无线连接已经成功。无线路由器在功能上相当于一台具有动态 NAT 功能的路由器，为无线接入设备提供地址转换，无线接入设备的内部地址（如 Pda1 的 192.168.200.1）将会转换到上行接口地址（如 192.168.102.2），进而访问上行网络。

　　至此，教学楼无线网络和客户端都已设置完毕，下面可以进行连通性验证。Pda1 ping 无线路由内部端口和 Server1，预期结果如下：

```
PC>ping 192.168.200.1

Pinging 192.168.200.1 with 32 bytes of data:

Reply from 192.168.200.1: bytes=32 time=47ms TTL=255
Reply from 192.168.200.1: bytes=32 time=47ms TTL=255
Reply from 192.168.200.1: bytes=32 time=47ms TTL=255
Reply from 192.168.200.1: bytes=32 time=62ms TTL=255

Ping statistics for 192.168.200.1:
    Packets: Sent = 4, Received = 4, Lost = 0 (0% loss),
Approximate round trip times in milli-seconds:
    Minimum = 47ms, Maximum = 62ms, Average = 50ms

PC>ping 192.168.100.101

Pinging 192.168.100.101 with 32 bytes of data:

Reply from 192.168.100.101: bytes=32 time=47ms TTL=125
Reply from 192.168.100.101: bytes=32 time=47ms TTL=125
Reply from 192.168.100.101: bytes=32 time=62ms TTL=125
Reply from 192.168.100.101: bytes=32 time=78ms TTL=125

Ping statistics for 192.168.100.101:
    Packets: Sent = 4, Received = 4, Lost = 0 (0% loss),
Approximate round trip times in milli-seconds:
    Minimum = 47ms, Maximum = 78ms, Average = 58ms
```

 技术要点

　　在本任务中，我们的无线网络使用的是 802.11 协议。在配置中，我们采用了 802.11bgn 的混合模式，也就是使用 802.11n 协议，并向下兼容 802.11b 和 802.11g 协议。验证方式采用 WPA2。

　　1. 802.11 协议组

　　802.11 协议组是国际电工电子工程学会（IEEE）为无线局域网络制定的标准。在 802.11 协议组标准中，使用最多的是 802.11n 标准，工作在 2.4GHz 频段。

　　2. IEEE 802.11b 协议

　　IEEE802.11b 是无线局域网的一个标准。其载波的频率为 2.4GHz，传送速度为 11Mbit/s。IEEE802.11b 是所有无线局域网标准中最著名也是普及最广的标准。在其使用的频段中，共有 14 个频宽为 22MHz 的频道可供使用。IEEE802.11b 的后继标准是 IEEE802.11g。

3. IEEE 802.11g 协议

IEEE 802.11g 协议于 2003 年 7 月推出。其载波的频率为 2.4GHz（与 802.11b 相同），原始传送速度为 54Mbit/s，净传输速度约为 24.7Mbit/s（与 802.11a 相同）。802.11g 的设备与 802.11b 兼容。802.11g 是为了提高传输速率而制定的标准。

4. IEEE 802.11n 协议

2004 年 1 月，IEEE 宣布组成一个新的单位来发展新的 802.11 标准。资料传输速度达 475Mbps，此项新标准比 802.11b 快 45 倍，而比 802.11g 快 8 倍左右。802.11n 也比之前的无线网络传送到更远的距离。

5. WPA

WPA（Wi-Fi Protected Access）有 WPA 和 WPA2 两个标准，是一种保护无线网络安全的系统，它是为克服静态加密（WEP）的弱点而产生的。WPA 可以用在所有的无线网卡上，WPA2 具备完整的标准体系，但其不能被应用在某些老旧型号的网卡上。

 检测报告及故障排查

本任务需要验证无线网络的连接性和安全性。本任务的检测报告单如下：

验证项目	验证步骤	预期验证结果	实际验证结果	结论
教学楼连通性	Laptop0 输入正确密码后接入教学楼网络。Laptop0 ping Server 1	正常访问	能/不能正常访问	教学楼和宿舍楼无线网络连接正常
宿舍楼连通性	Pda1 输入正确密码后接入宿舍楼网络。Pda1 ping Server 1	正常访问	能/不能正常访问	
教学楼安全性	Laptop0 不输入密码或尝试错误密码	无法接入网络	可以/不可以接入网络	教学楼和宿舍楼无线网络密码生效
宿舍楼安全性	Pda1 不输入密码或尝试错误密码	无法接入网络	可以/不可以接入网络	

若在检测中发现连通性不正常，则可分为以下两类错误进行排查：

（1）无线接入设备不能到达无线网关。此类错误是由无线网络配置错误造成的，读者可以重点排查步骤 3 和步骤 4 中的 SSID、密码类型、密码字符串等配置。

（2）无线接入设备能够到达网关，但是无法连接上行网络。无线设备能够到达网关，说明无线配置正常。读者可以重点排查步骤 2 中有线网络部分的配置，如路由表设置等。

若在检测中发现安全性不正常，则重点排查步骤 3 和步骤 4 中的密码类型、密码字符串等配置。